How to Grow and Care for
Potted Roses.

How to Grow and Care for Potted Roses.

How to Grow and Care for Potted Roses.

最適合小空間的
盆植玫瑰栽培書

你知道嗎？

約瑟芬皇后所鍾愛的馬勒梅松城堡的庭園，其實是座以盆栽種植的玫瑰花園！

玫瑰——這個跨越時代，療癒人心，時而令人為之癡狂、時而令人傾倒的植物。讓玫瑰成為一種文化，並奠定它在世界上被世人熱愛的基礎的，是皇帝拿破崙一世的皇后約瑟芬。她將世界上珍奇的玫瑰收集到馬勒梅松城堡中，讓園藝家們去研究，並讓宮廷畫家雷杜德（1759至1840）去繪植物畫。我想，沒有任何一位玫瑰專家不感謝她所立下的功勞。

當你聽到「玫瑰之母」約瑟芬皇后，大費周章收集到城堡中的重要玫瑰們，是以盆栽來種植時，你是否有嚇一跳呢？

原本就已存在於法國的西洋初期古典玫瑰的百葉薔薇（Rosa Centifolia）、法國薔薇（Rosa gallica）等，是和其他草花一同地植在庭園，但其實這座豪華絢麗的玫瑰園，並非是地植的玫瑰園，幾乎大部分的玫瑰都是以盆栽種植的。

但是，為何要以盆栽種植呢？依我的推測是，這些被收集而來的玫瑰，來自世界各地不同的環境，以盆栽種植會比較容易管理。也許當時依照每一盆玫瑰的性質，有改變用土或花盆的大小、形狀等。也許冬天時還會放進溫室，不讓玫瑰受寒而枯萎，受到相當小心謹慎的照顧管理。雷杜德在為玫瑰作畫時，也正因以盆植種植，可以移動到方便作畫的場所，因此更能畫出纖細的畫作吧！此外，在玫瑰的育種上，交配過的植株若是以盆栽種植，也比較容易結果實。

玫瑰的文化是從盆栽種植開始的。無論是古代或現今，盆植的玫瑰可以在美麗盛開時移到容易觀賞的位置，能貼近感受玫瑰的美好。儘管是沒有寬廣庭院的日本或台灣，只要以盆栽種植，就能盡情地玩賞玫瑰。本書將介紹，讓這些充滿魅力的盆植玫瑰美麗盛開的栽培法。

東洋古典玫瑰的中國月季（China Rose），擁有法國所沒有的花色與葉片。不只是花的美感，連葉片基部的托葉和萼片等，也正確地被描繪出來。

山内浩史設計室收藏

Rosa Indica Cruenta.

Rosier du Bengale à fleurs pourpre-de-sang.

3 P. J. Redouté pinx. Imprimerie de Rémond Langlois sculp.

木村法則

讓盆植玫瑰美麗綻放的五大原則

Rule 1

仔細觀察玫瑰

玫瑰的健康狀況，從新芽和葉片的色澤就看得出來。新芽或葉片，也是疾病和蟲害最先發生的部位。透過每天的觀察，當覺得玫瑰沒有元氣時，就增減肥料的用量。發現疾病或害蟲時，就盡早噴灑藥劑，讓玫瑰健康生長。

Rule 2

依類型搭配不同管理方式

本書中，依照植株的體力（樹勢）和耐病性等，將玫瑰分成四種類型。類型1的玫瑰最為強健且容易栽培，而類型4則是需要花費心思、不容易栽種的嬌弱品種。依照不同的類型改變管理方式（肥料、澆水、藥劑散布），選擇最適合玫瑰的栽培法來種植吧！

Rule 3

依照樹形作不同修剪

玫瑰的樹形有木立樹形、灌木樹形、蔓性樹形等。依照各樹形的特徵和性質等，以最適合的方式來進行修剪和誘引，就能讓各樹形發揮各自的優點，讓玫瑰美麗盛開。

Rule 4

葉片是極重要的角色

葉片，在太陽光的充分照射下進行活躍的光合作用，來讓玫瑰健全生長。相對的，如果因為疾病或缺水等讓葉片掉落，就無法製造養分，而導致樹勢減弱。因此要如何管理，才能不讓葉片掉落，尤其是黑點病，此點是相當重要的一環。

Rule 5

肥料和水不要施給過多

為了想讓玫瑰生長快，肥料施給過多，反而培育出植株軟弱，且對病蟲害的耐病性低的玫瑰。澆水過多也會讓根部窒息且腐爛。將拼命想照顧玫瑰的心情轉換成，能夠靜心守護它們的成長，這也是玫瑰栽培的奧妙。此外，當植株還小時，就讓玫瑰開過多的花，會消耗體力使植株變弱，因此剛開始的三年，比起花朵，更建議以培養植株本身為優先。

迪士尼樂園玫瑰（Disneyland Rose）

第1章 適合盆植的玫瑰

裘比利慶典（Jubilee Celebration 類型2）
H.Ukai

首先先從我最推薦用於盆栽種植的
「容易栽培的人氣玫瑰（類型2）」開始，
接著依照「標準正統的玫瑰（類型3）」、「令人憧憬的嬌弱玫瑰（類型4）」、
「野性且強健的玫瑰（類型1）」的順序來介紹。
選擇時除了本身對花的喜好之外，
也參考性質和栽培條件等，找出最讓你心動的玫瑰吧！

標示說明

針對蔓性樹形或一部分可作為蔓性玫瑰利用的灌木樹形，
所提出的塑造方式建議。

錐形花架

平面花架

圍籬

拱門花架

玫瑰的名稱：以育出者或育種公司所取的花名進行音譯或意譯，
並參考或採用市場上一般流通的品種名。

系統：依照P.118的玫瑰系譜（圖1）進行分類，
關於各系統請參照P.122至P.123所記載的用語辭典。

花徑大小：〔大輪〕9至15cm未滿
〔中輪〕5至9cm
〔大輪〕3至5cm

開花習性：四季開花性、重複開花性、一季開花性，
解說請參照P.122至P.123所記載的用語辭典。

花香：強香、中香、微香。請參照P.120至P.121。

樹形：分類成木立樹形、灌木樹形、蔓性樹型等三種類。
請參照P.54。
※部分品種的分類，非使用國際上的樹形分類，
而是採用實際用於盆栽種植時的樹形。

樹高：盆栽種植時的植株平均高度。

耐陰性：[強] 半日照也能健全生長。
[普通] 以上午的日照為主，需要3小時的充分日照。
[弱] 以上午的日照為主，需要6小時的充分日照。

耐暑性：[強] 即使酷暑也能健全生長，夏季亦能開出好花。
[普通] 高溫時生育狀況維持平均，植株不會衰弱。
[弱] 酷暑中新芽會停止生長，植株衰弱或枯萎。

耐寒性：[強] 在寒冷區域也能健全生長。
[普通] 日本關東地區以西的區域生長旺盛。
[弱] 在寒冷地區栽培困難。即使是日本關東地區以西的平地，
在入冬前若因黑點病等疾病而掉葉，樹勢減弱，
就容易因冬季的寒冷而枯萎。

栽培空間：[L] 1㎡以上 盆栽尺寸L（10吋盆以上）
[M] 50㎠以上 盆栽尺寸M（約8吋盆）
[S] 30㎠以上 盆栽尺寸S（約6吋盆）
參照P.62・P.65

2 類型

容易栽培的人氣玫瑰

加入了接近原生種的基因後而變強的S灌木玫瑰、一部分的HT大輪玫瑰、FL中輪豐花玫瑰等為主。西洋後期的古典玫瑰也歸於此類型。

栽培容易度 ★★★☆

耐病性 ★★★☆

有四季開花性及豐富的花型・花色 植株小型低矮適合盆栽種植

如果將玫瑰的性質以分數來評比，平均得分最高的玫瑰們皆是屬於類型2。擁有當今高人氣的四季開花性的簇生型或杯型的花型，且擁有豐富多樣的花色。花香馥郁芬芳的品種也多。

19世紀後半以後，為了追求玫瑰的四季開花性、花色的多樣性、花型等某一部分的特長而進行育種的結果，反而讓玫瑰變衰弱。為了要再度找回原有的強勢，於是在交配中帶入遠方的基因，所得到的就是第2類型的玫瑰。英國玫瑰、法國的Meilland（＊）和Delbard（＊＊）等的S灌木玫瑰為主，以及一部分擁有灌木玫瑰血統的HT大輪玫瑰和FL中輪豐花玫瑰也歸類於此。

一莖多花叢開且花量多，四季開花性強的品種多，因此即使是以盆栽種植，也能維持一整年都有花朵持續綻放。植株小型低矮且耐病性強，玫瑰初學者也比較容易輕鬆上手。若不希望植株生長過大，就使用8吋盆，若是想讓體積較大一些，最大可使用到10吋盆。

如果想讓蔓性玫瑰植株長大，建議使用12吋以上的花盆，並種植於保水性較好的用土中。因為樹勢強，若花盆尺寸過小，再加上用土乾燥時，夏季容易發生缺水乾枯的情形。

若想要裝飾小型的拱門花架或錐形花架時，利用灌木樹形的枝條先端蓬鬆外擴的特性，將枝條延伸，當作蔓性玫瑰般利用，塑造成蔓玫風也是種不錯的方式。雖然要整個覆蓋住結構物，需要較長的時間，但因四季開花性強，有耐病性，花枝不如蔓性玫瑰般長，能製造出自然且漂亮的景觀。

＊Meilland
法國的名門育種公司。依循傳統的育種技術，受到廣泛的肯定與高評價，且誕生出為數不少的名花。單花花期持久且花色鮮豔明亮的品種多。

＊＊Delbard
法國的人氣育種公司。有著絢爛多彩的配色組合和浪漫花型的小型低矮灌木玫瑰，相當具有人氣。

栽培小筆記

◎肥料

每個月一次在表土放置固體肥料。此類型生育狀況穩定且漸進，因此使用有機肥料更有效果。肥料過多容易導致白粉病發生，或發生花朵打不開的情況。

◎藥劑散布

無農藥有機栽培也能生長，但若希望葉片保持乾淨美觀，可利用手動噴霧型殺菌劑，每兩週至一個月各一次，進行預防性藥劑噴灑。若發現葉蟎類，發生初期盡早進行藥劑散布。

◎修剪

不容易從植株基部長出新枝條的品種，趁植株仍年輕時，讓植株從底端分枝，作出樹形。部分品種若秋季修剪時修剪過深，會使花數減少或冬天不開花（參照P.82）。

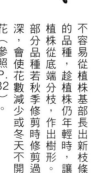

木立樹形・灌木樹形

⇒參照P.54至P.55

帕里斯

系統：灌木玫瑰　**花徑大小**：中輪　**開花習性**：四季開花　**花香**：中香　**樹形**：木立　**樹高**：1.3m　**耐陰性**：普通　**耐暑性**：強　**耐寒性**：普通　**栽培空間**：M

帕里斯的魅力來自於他豐富的粉紅色的顏色表現和自由的花型。依照開花的階段不同，有不同的花色呈現，顏色的漸層變化相當精彩。因為植株小型低矮不外擴，適合以盆栽種植。花名來自於希臘神話中的特洛伊王子之名。

安部姬玫瑰

系統：灌木玫瑰　**花徑大小**：中輪　**開花習性**：四季開花　**花香**：強香　**樹形**：木立　**樹高**：1.2m　**耐陰性**：普通　**耐暑性**：強　**耐寒性**：普通　**栽培空間**：M

杏黃粉紅色的可愛杯型花，一莖多花叢開，且散發出有個性的沒藥花香。小型低矮的樹形，尤其適合以盆栽種植。在日本也有切花流通，因此也可當作切花來裝飾美化室內。

雅克卡蒂亞

系統：古典玫瑰　**花徑大小：**中輪　**開花習性：**重複開花　**花香：**強香　**樹形：**灌木　**樹高：**1.2m　**耐陰性：**普通　**耐暑性：**普通　**耐寒性：**強　**栽培空間：**M

花梗短，花的下方緊接著就是葉片。春天時彷彿就像是一束漂亮的捧花般。花色、花型、花香皆優良，在重複開花性的古典玫瑰中，屬於傑出且優秀的品種，缺點是單花花期不持久。花名來自於發現加拿大的探險家之名。

寶妮卡82

系統：灌木玫瑰　**花徑大小：**中輪　**開花習性：**四季開花　**花香：**微香　**樹形：**灌木　**樹高：**1.0m　**耐陰性：**普通　**耐暑性：**普通　**耐寒性：**強　**栽培空間：**M

無論是任何人都會喜歡的明亮粉紅色花，花量多到能開滿整個植株。呈圓弧狀茂密的灌木樹形，枝條不會狂野外竄，因此即使以盆栽種植也容易管理。若讓枝條延伸，可塑造成蔓玫風來欣賞。2003年時被選入世界玫瑰殿堂，是在世界上廣受喜愛的優秀品種。

夏莉法阿斯瑪

系統：灌木玫瑰　**花徑大小：**大輪　**開花習性：**四季開花　**花香：**強香　**樹形：**木立　**樹高：**1.0m　**耐陰性：**普通　**耐暑性：**普通　**耐寒性：**強　**栽培空間：**M

優美且具魅力的玫瑰，濃郁強香的水果香，只欣賞花朵和品味香氣，就能讓人有幸福感。植株小型低矮且栽培容易，適合以盆栽種植。可說是英國玫瑰的最高傑作之一。

仙女

系統：多花薔薇　**花徑大小**：小輪　**開花習性**：四季開花　**花香**：微香　**樹形**：灌木　**樹高**：0.8m　**耐陰性**：普通　**耐暑性**：普通　**耐寒性**：強　**栽培空間**：S

簇生狀花型的花，成叢成串綻放，花量多到可覆蓋住植株整體。晚開性且單花花期持久，可觀賞的時間長。具有原生種的野薔薇（Rosa multiflora）、光葉薔薇（Rosa luciae）等血統，樹勢強健。柔和的樹形相當美觀，誘引攀附於小型的錐形花架或平面花架等，也是個不錯的塑造方式。

斯卡伯勒集市

系統：灌木玫瑰　**花徑大小**：小輪　**開花習性**：四季開花　**花香**：中香　**樹形**：木立　**樹高**：0.9m　**耐陰性**：普通　**耐暑性**：普通　**耐寒性**：普通　**栽培空間**：M

花瓣數雖然少，但沉著穩靜的淡淡粉紅色花，有著難以言喻的存在感。花朵給人清純可愛的印象，葉片卻有著和花朵形象截然不同的強健耐病性，相當容易栽培。植株小型低矮，極適合栽種於狹小的空間。

瑪蒂達

系統：中輪豐花玫瑰　**花徑大小**：中輪　**開花習性**：四季開花　**花香**：微香　**樹形**：木立　**樹高**：1.0m　**耐陰性**：普通　**耐暑性**：強　**耐寒性**：普通　**栽培空間**：M

惹人憐愛的漂亮花瓣如蝴蝶般在風中飛舞。中輪的花朵成叢成串綻放，一整年都能持續不斷地開花。小型低矮的樹形，枝葉不亂竄，適合以盆栽種植。別名為查爾斯阿茲納吾爾（Charles Aznavour）。

守護家園

系統：灌木玫瑰　**花徑大小：**中輪　**開花習性：**四季開花
花香：強香　**樹形：**木立　**樹高：**1.3m　**耐陰性：**普通
耐暑性：強　**耐寒性：**強　**栽培空間：**M
亮麗的濃粉紅色花，隨著花開，會從杯型轉變成簇生型。枝條曲線柔和，和草花容易調和搭配。玫瑰香和茶香的融合，馥郁芬芳。耐病性強。獻給英國名設計師凱思金德斯頓（Cath Kidston）的玫瑰。

For Your Home

Jubilee Celebration

裘比利慶典

系統：灌木玫瑰　**花徑大小：**大輪　**開花習性：**四季開花
花香：強香　**樹形：**木立　**樹高：**1.3m　**耐陰性：**弱　**耐暑性：**強　**耐寒性：**普通　**栽培空間：**M
擁有複雜豐富的稀有花色，一朵花上同時存在著粉紅色、鮭粉紅色、杏黃色、黃色等顏色。有著尖角的花瓣前端也是一大特徵。水果的香甜花香芬芳誘人。刺少且小型低矮，栽培容易。

雪拉莎德

系統：灌木玫瑰　**花徑大小：**中輪　**開花習性：**四季開花
花香：強香　**樹形：**木立　**樹高：**1.2m　**耐陰性：**普通
耐暑性：強　**耐寒性：**普通　**栽培空間：**M
典型的一莖多花叢開性，花量多過於植株的大小比例，是相當有馬力的玫瑰。異國情調的花名來自於《一千零一夜》中，以女人魅力和知性，拯救了國王與國民的女主角之名。華麗與高雅同時並存的香味更是令人留下深刻印象。

Sheherazad

Princesse Sibilla de Luxembourg

注視著你

系統：中輪豐花玫瑰　**花徑大小**：中輪　**開花習性**：四季開花　**花香**：中香　**樹形**：木立　**樹高**：0.9m　**耐陰性**：普通　**耐暑性**：普通　**耐寒性**：普通　**栽培空間**：M

白色到薰衣草色的色彩中，中心有紅紫色的圓斑（眼睛）。香料丁香的花香。同時具有新奇性和耐病性。雖屬木立樹形但枝條蓬鬆，樹形相當柔美。以盆栽種植可培育出小型低矮的植株。

Eyes for You

盧森堡公主西比拉

系統：灌木玫瑰　**花徑大小**：中輪　**開花習性**：重複開花　**花香**：強香　**樹形**：灌木　**樹高**：1.5m　**耐陰性**：普通　**耐暑性**：強　**耐寒性**：普通　**栽培空間**：L

輕柔飄逸的波浪狀紅紫色花瓣，亮眼引人注目。即使顏色褪色，也有另種美麗風情。具有香料丁香的香味。修剪時強剪可作為自立形的灌木，也可以延伸枝條作為蔓性玫瑰般利用。樹勢強且有耐病性，適合初學者。別名為暴風雨天氣（Stormy Weather）。

藍色天空

系統：灌木玫瑰　**花徑大小**：中輪　**開花習性**：四季開花　**花香**：中香　**樹形**：灌木　**樹高**：1.3m　**耐陰性**：普通　**耐暑性**：強　**耐寒性**：普通　**栽培空間**：M

冬天及春天等低溫期時花色是淡紫色，高溫期時是帶紫的粉紅色。在擁有四季開花性且色澤接近藍色的玫瑰中，屬於耐病性強且容易栽培的品種。具有甜美的花香。聽話不叛逆的樹形，容易塑造和利用，且不占空間，花名來自於法國香頌歌曲《愛的禮讚（Hymne à l'amour）》開頭的第一句「藍色天空（Le ciel bleu）」。

Blue for You

為你解憂

系統：中輪豐花玫瑰　**花徑大小**：中輪　**開花習性**：四季開花　**花香**：中香　**樹形**：灌木　**樹高**：1.4m　**耐陰性**：普通　**耐暑性**：普通　**耐寒性**：普通　**栽培空間**：M

隨著花開顏色變化，尤其是陰天時，更能感覺到藍色的色澤。可說是顏色最接近藍色的品種之一。擁有柔美表情的花，成叢成串盛開。秋天時細長的花莖延伸，輕柔蓬鬆地綻放花朵。飄散出讓人感覺到丁香的香氣。耐病性強，容易栽培。

Le Ciel Bleu

若望保祿二世

系統：大輪玫瑰　**花徑大小**：大輪　**開花習性**：四季開花　**花香**：強香　**樹形**：木立　**樹高**：1.3m　**耐陰性**：弱　**耐暑性**：普通　**耐寒性**：普通　**栽培空間**：M

標緻工整的半劍瓣高芯花型，純白的花朵彷彿像是潔淨不受汙染的靈魂般。藍色系玫瑰香味中融入柑橘系的香氣。是獻給第264代羅馬天主教教宗若望保祿二世的玫瑰。HT大輪玫瑰多屬類型3，但此品種具有耐病性，故分類為類型2。

波麗露

系統：中輪豐花玫瑰　**花徑大小**：中輪　**開花習性**：四季開花　**花香**：強香　**樹形**：木立　**樹高**：0.8m　**耐陰性**：普通　**耐暑性**：強　**耐寒性**：強　**栽培空間**：M

漂亮的簇生狀花型，白色為基底的花瓣，輕輕挑染上奶油色和淡粉紅色。具有以水果香為主的濃郁芳香。在植株長大前，僅需進行開花後修剪即可。樹形小型低矮，儘管以小型的花盆栽培，花數也不易減少。

摩納哥公爵

系統：中輪豐花玫瑰　**花徑大小**：中輪　**開花習性**：四季開花　**花香**：微香　**樹形**：木立　**樹高**：1.1m　**耐陰性**：普通　**耐暑性**：強　**耐寒性**：普通　**栽培空間**：M

紅色與白色的色差對比，能像此品種般鮮明華麗的品種並不多。是獻給摩納哥王室蘭尼埃三世親王的玫瑰。紅色與白色是摩納哥統治者格里馬爾迪王朝（House of Grimaldi）、摩納哥國旗的顏色。別名為櫻桃派（Cherry Parfait）。

冰山

系統：中輪豐花玫瑰　**花徑大小**：中輪　**開花習性**：四季開花　**花香**：微香　**樹形**：木立　**樹高**：1.2m　**耐陰性**：普通　**耐暑性**：強　**耐寒性**：強　**栽培空間**：M

一莖多花叢開性，乾淨純白半重瓣的花朵，極為高雅有氣質。如果有在尋找白色玫瑰的初學者，冰山是相當推薦的優秀品種。若是種植於8吋以上的盆栽中，春天至少可以開出30朵以上的花。別名為白雪公主（Schneewittchen）。

綠冰

系統：迷你玫瑰　**花徑大小**：小輪　**開花習性**：四季開花　**花香**：微香　**樹形**：灌木　**樹高**：0.4m　**耐陰性**：普通　**耐暑性**：強　**耐寒性**：強　**栽培空間**：S

花色從白色轉變成綠色，顏色的濃淡漸層變化十分優美。氣溫下降時，花瓣有時也會染上淡淡粉紅。花芯有綠眼睛。花期持久，枝條輕柔自然下垂，因此可利用有高度的花盆或垂吊式的花盆，將會相當美觀。

粉妝樓

系統：多花薔薇　**花徑大小**：中輪　**開花習性**：四季開花　**花香**：中香　**樹形**：木立　**樹高**：0.6m　**耐陰性**：普通　**耐暑性**：普通　**耐寒性**：普通　**栽培空間**：S

從淡淡粉紅色的白色花苞，綻放出粉紅色的花瓣。枝條柔細，但花朵密實沉重，因此微微低頭向下綻放。長雨時，會出現花瓣打不開的情形，建議移動至不會淋雨的屋簷下等。肥料施給過多，容易導致白粉病發生。

第一印象

系統：迷你玫瑰　**花徑大小：**中輪　**開花習性：**四季開花　**花香：**中香　**樹形：**木立　**樹高：**0.7m　**耐陰性：**弱　**耐暑性：**普通　**耐寒性：**弱　**栽培空間：**S

黃色系的迷你玫瑰中，嬌弱的品種甚多，但此品種對黑點病的耐病性強，栽培容易。與花的第一印象截然不同的沒藥香，讓人留下深刻印象。整體小型低矮，尤其適合以盆栽種植。

莫里斯尤特里羅

系統：大輪玫瑰　**花徑大小：**大輪　**開花習性：**四季開花　**花香：**中香　**樹形：**木立　**樹高：**1.0m　**耐陰性：**弱　**耐暑性：**強　**耐寒性：**普通　**栽培空間：**M

鮮明華麗的紅色與黃色的絞紋玫瑰。如波浪般輕柔起伏的花瓣和引人注目的花色，勾勒出時尚氛圍。能長成結實的植株。選擇花盆時，顏色暗沉的花盆比明亮的花盆，更能襯托出花色。花名來自於法國畫家莫里斯尤特里羅之名。

尤里卡

系統：中輪豐花玫瑰　**花徑大小：**中輪　**開花習性：**四季開花　**花香：**中香　**樹形：**木立　**樹高：**1.0m　**耐陰性：**普通　**耐暑性：**普通　**耐寒性：**強　**栽培空間：**M

花朵有如飄逸的裙襬波浪般，浪漫可愛與成熟嫵媚同時並存。對黑點病的耐病性強，且植株小型低矮。花名為希臘語的「我發現了！」的意思。當古希臘學者阿基米德坐在浴缸中，發現如何測試王冠的金的純度時，他興奮地光著身體，邊跑邊叫著「我發現了！（ερηκα！）」，這句話也因此廣為後人流傳。

克洛德莫內

系統：灌木玫瑰　**花徑大小**：中輪　**開花習性**：四季開花　**花香**：強香　**樹形**：木立　**樹高**：1.0m　**耐陰性**：普通　**耐暑性**：普通　**耐寒性**：普通　**栽培空間**：M

奶油黃與杏黃色、粉紅色的絞紋杯型狀花。花香像是將甜味、茶香和粉末混和後而成的香氣。植株小型低矮，適合盆栽種植。花名來自於畫家克洛德莫內之名。

艾瑪漢彌爾頓夫人

系統：灌木玫瑰　**花徑大小**：中輪　**開花習性**：四季開花　**花香**：強香　**樹形**：木立　**樹高**：0.8m　**耐陰性**：普通　**耐暑性**：弱　**耐寒性**：普通　**栽培空間**：S

可愛圓滾滾的杯型花微微朝下方低頭綻放，與紅銅色的新芽搭配成美麗的顏色組合。散發香甜的柑橘系水果香。在氣溫較高的地區，夏季會停止生長，建議在炎夏時，將植株移動到沒有夏日的午後太陽直射的場所。

杏黃糖果

系統：大輪玫瑰　**花徑大小**：大輪　**開花習性**：四季開花　**花香**：中香　**樹形**：木立　**樹高**：1.3m　**耐陰性**：普通　**耐暑性**：強　**耐寒性**：普通　**栽培空間**：M

鬆柔的劍瓣高芯型花，花數多。花色和葉色的顏色對比漂亮，相互襯托。樹勢強，能持續不斷地開花。也具有對黑點病等的耐病性。如果想找這類色彩且劍瓣高芯型的初學者，此品種是最為推薦的。

紅色比埃爾德龍沙

系統：灌木玫瑰　**花徑大小**：大輪　**開花習性**：四季開花　**花香**：強香　**樹形**：灌木　**樹高**：1.8m　**耐陰性**：普通　**耐暑性**：強　**耐寒性**：普通　**栽培空間**：M

絢爛華麗的簇生狀花型。在有分量的植株上，能長出多數粗壯的枝條，是樹勢相當強的品種。即使像木立玫瑰般深剪，也能持續不停開花。單花花期長，也適合作為切花來欣賞。別名為紅色伊甸園（Red Eden）、艾瑞克塔巴利（Eric Tabaly）。

路易十四

系統：古典玫瑰　**花徑大小**：中輪　**開花習性**：四季開花　**花香**：中香　**樹形**：木立　**樹高**：1.0m　**耐陰性**：普通　**耐暑性**：強　**耐寒性**：弱　**栽培空間**：S

有質感的深紅色花色具有誘人魅力，是擁有四季開花性且木立樹形的古典玫瑰。花瓣數雖然少，但金黃色的花蕊與花瓣的顏色對比，勾勒出另一種迷人風情。枝條細且植株小型低矮。具有耐病性，栽培容易。

紅露斯塔

系統：多花薔薇　**花徑大小**：小輪　**開花習性**：四季開花　**花香**：微香　**樹形**：木立　**樹高**：0.6m　**耐陰性**：普通　**耐暑性**：強　**耐寒性**：普通　**栽培空間**：S

亮眼的杯型小輪花開滿整個植株，帶給人明亮有元氣的氣息。花期長，即使以6吋花盆來種植，也能有足夠的花量和漂亮樹形可以欣賞。只要日照足夠，狹小的空間也能健康生長。

蔓性樹形

⇒參照P.54至P.55

可妮莉雅

系統：雜交麝香薔薇　**花徑大小**：小輪　**開花習性**：重複開花　**花香**：中香　**樹形**：蔓性　**樹高**：2.2m　**耐陰性**：強　**耐暑性**：強　**耐寒性**：強　**栽培空間**：L

花色會隨著季節不同，時而帶著黃色的粉紅，時而染著紫色的粉紅，不同的顏色變化帶來不一樣的視覺享受。一莖多花的可愛小輪花，成叢成串綻放，花量多，相當美觀有看頭。甜美的花香更添魅力。刺少，誘引容易。

Cornelia

William Morris

威廉莫里斯

系統：灌木玫瑰　**花徑大小**：中輪　**開花習性**：重複開花　**花香**：強香　**樹形**：蔓性　**樹高**：1.8m　**耐陰性**：普通　**耐暑性**：普通　**耐寒性**：普通　**栽培空間**：L

簇生狀花型的花朵，在柔細的枝葉前端，輕柔綻放，甜美的茶系香味沁人心脾。若以盆栽種植，枝條會較為柔軟，容易誘引。能順應各種場所，是相當方便容易利用的品種。

冒險家

系統：灌木玫瑰　**花徑大小**：中輪　**開花習性**：四季開花　**花香**：強香　**樹形**：蔓性　**樹高**：1.8m　**耐陰性**：普通　**耐暑性**：強　**耐寒性**：普通　**栽培空間**：L

花色獨特有風情，在低溫期時是高貴帶有紫色的黑紅色，高溫期時紫色消失，轉變為熱情的深紅色。大馬士革系的強香。直立性樹形，狹窄空間也能栽培。粗大的枝條會較硬直，因此在筍芽生長出來後儘早進行修剪，促進其分枝。

安琪拉

系統：灌木玫瑰　**花徑大小**：小輪　**開花習性**：重複開花　**花香**：微香　**樹形**：蔓性　**樹高**：2.0m　**耐陰性**：普通　**耐暑性**：強　**耐寒性**：強　**栽培空間**：L

在歐洲是被當作木立玫瑰在利用，但在高溫多濕的亞洲，樹勢強，樹形近於蔓性玫瑰。華麗醒目的粉紅色小輪花，綻放出一片花海。冬天修剪時若深剪，春天將可像木立玫瑰般盛開。

席琳弗雷斯蒂爾

系統：古典玫瑰　**花徑大小：**中輪　**開花習性：**重複開花　**花香：**中香　**樹形：**蔓性　**樹高：**1.7m　**耐陰性：**普通　**耐暑性：**普通　**耐寒性：**弱　**栽培空間：**L

簇生型淡淡奶油色的花，能勾勒出沉著穩靜的風景。散發出清新雅緻的茶系香氣。刺少，有著明亮葉片的輕柔細枝也是它的一大魅力。因初期生長較為緩慢，一步步穩當用心地去栽培即可，不需過於著急。

Céline Forestier

Snow Goose

阿利斯特史黛拉葛雷

系統：古典玫瑰　**花徑大小：**中輪　**開花習性：**重複開花　**花香：**中香　**樹形：**蔓性　**樹高：**1.8m　**耐陰性：**普通　**耐暑性：**普通　**耐寒性：**普通　**栽培空間：**L

淡奶油黃色的花，隨著花開逐漸轉變成白色。枝條柔軟，無論想誘引到何種場所都很容易。初期生長緩慢，但中途會突然急速成長，因此在栽培初期，勿施給過多肥料，不要過於著急。

雪雁

系統：灌木　**花徑大小：**小輪　**開花習性：**四季開花　**花香：**中香　**樹形：**蔓性　**樹高：**2.2m　**耐陰性：**強　**耐暑性：**普通　**耐寒性：**普通　**栽培空間：**L

清純可人的小輪花，一莖多花成叢成串盛開，花量繁多，幾乎可開滿整個植株。能覆蓋寬廣面積，在四季開花性的蔓性玫瑰中，屬於極為優秀的品種。利刺少且枝條柔軟，誘引容易。溫和的花香更增添柔美。

Alister Stella Gray

Blush Noisette

粉紅諾賽特

系統：古典玫瑰　**花徑大小：**小輪　**開花習性：**重複開花　**花香：**中香　**樹形：**蔓性　**樹高：**1.5m　**耐陰性：**普通　**耐暑性：**強　**耐寒性：**普通　**栽培空間：**L

淡淡柔和的簇生型花，一莖多花，成一大叢綻放。初期生長緩慢，若希望枝條早日延伸變長，建議持續不停地摘芯摘蕾。枝條柔細，誘引輕鬆。修剪時若深剪，可像木立玫瑰般自立。從植株基部長出的筍芽，盡早進行修剪，促進其分枝。耐病性強。

3 類型

標準正統的玫瑰

20世紀時的主流玫瑰。劍瓣高芯型的HT大輪玫瑰及較為嬌貴的FL中輪豐花玫瑰等，多屬於此類型。會因栽培技術而影響玫瑰生育狀況的好壞，因此可讓栽培者體驗並享受栽培的樂趣與喜悅。

栽培容易度 ★★☆☆

耐病性 ★★☆☆

能開出顏色鮮豔明亮的大輪花是一般人印象中的玫瑰

在約1800年開始的玫瑰育種歷史中，可以稱之為玫瑰的一個完成式的類群。原本一年只在春天開花的一季開花性玫瑰，被賦予了四季開花性；灌木樹形及蔓性樹形中，增加了木立樹形；在古典玫瑰中所沒有的明亮的黃色、朱紅色、鮭魚粉紅色、淺紫色、茶色等也誕生了。此玫瑰類群在花色變豐富多彩的時代中扛起了時代潮流，並且將此潮流繼承且延續。

花朵為大輪花，花莖長且木立樹形的品種多，單一花朵的精彩華麗遠超過其他類型。花數少，養分能量消耗在讓每一朵大輪花開花上，因此，讓植株持續有充足的養分，就變得十分重要。切記不要忘記施肥，並要施給足夠的分量。此類型的玫瑰耐陰性弱、耐寒性弱的品種多，且對黑點病為主的耐病性並不佳，必須定期噴灑藥劑。

到現在為止，多數人對所謂「玫瑰」的印象就是來自此類型，連玫瑰的栽培書籍也幾乎都是以類型3的玫瑰為基準在編寫，這可以說是件好事但也是件壞事。此類群依照肥料、藥劑散布、修剪等的栽培技術，玫瑰生長狀況的好壞會有大幅度的差異，下了多少功夫、花了多少心思和時間就會得到多少回報，因此也能讓栽培者從中獲得栽培的喜悅和成就感。

相反的，此類型的玫瑰若採用無農藥有機栽培或少農藥栽培，對玫瑰來說也許是件可憐的事。因多數品種雖然有一定程度強的樹勢，但耐病性弱，且枝條壽命短。若以無農藥有機栽培或少農藥栽培，容易使植株的壽命減短，因此建議採用適合此類型的栽培方法。

在本書中是針對適合盆栽種植且樹形小型低矮的品種在介紹，但一般而言，HT大輪玫瑰，花莖長，樹高會長高的木立樹形居多，因此建議最終使用到10吋大的花盆，穩定性較好。而且花盆越大，根的量會增加，枝數也會增加，如此一來花量也會跟著增加。而一莖多花性，花量多，樹形也較小型低矮的FL中輪豐花玫瑰，即使是8吋盆就已經足夠。因此選擇玫瑰時，要依照栽培空間的大小來選擇最為合適的品種。

栽培小筆記

◎肥料

每月一次放置固體肥料。化學肥料可以短期間使生長旺盛，但卻易使植株老化，與有機肥料交替使用較理想。春、秋季修剪後，冬季修剪後新芽長出，施給液體肥也能增加效果。

◎藥劑散布

若因黑點病使葉片掉落，植株會急速喪失元氣，兩星期一次噴灑殺菌劑增加防治效果。寒冷地區若在入冬前就因病沒有葉片，耐寒性會大減。若發生蟲害，初期盡速噴灑藥劑。

◎剪定

枝條壽命短的品種甚多，因此若從植株基部長出筍芽，就將老舊枝條剪除，以減緩老化速度。要讓基部筍芽不停生長，讓植株更新回春，最必須的條件就是要有健全的根部生長。

新娘

系統：中輪豐花玫瑰　**花徑大小**：中輪　**開花習性**：四季開花　**花香**：強香　**樹形**：木立　**樹高**：0.9m　**耐陰性**：弱　**耐暑性**：強　**耐寒性**：弱　**栽培空間**：M
輕薄柔軟，像新娘禮服裙襬般的波浪狀花瓣，柔美的粉紅色中，融入了紫丁香的淡紫色，清新純淨的花香，彷彿就像以玫瑰來讚頌和表現女性的美麗般。花名是來自法文「新娘」的意思。栽培時注意肥料用量，肥料施給過多，容易導致白粉病發生。

木立樹形・灌木樹形

⇒參照P.54至P.55

茱莉亞

系統：大輪玫瑰　**花徑大小**：大輪　**開花習性**：四季開花　**花香**：微香　**樹形**：木立　**樹高**：1.3m　**耐陰性**：弱　**耐暑性**：弱　**耐寒性**：弱　**栽培空間**：M
茶色系的花色和柔美優雅的花型極為人氣。適合作為切花利用。為維持足夠花量，建議以10吋盆來栽培。是獻給英國的花藝設計師茱莉亞克萊門斯（Julia Clements）的玫瑰。別名為巧克力玫瑰（Chotolate Rose）。

俏麗貝絲

系統：大輪玫瑰　**花徑大小**：大輪　**開花習性**：四季開花　**花香**：中香　**樹形**：木立　**樹高**：1.1m　**耐陰性**：弱　**耐暑性**：普通　**耐寒性**：普通　**栽培空間**：M

高雅柔美的淡粉紅色，微微帶著波浪的花型，讓俏麗貝絲在單瓣平開型的玫瑰中，擁有頂級的高人氣。獨特的花蕊所形成的對比，更增添俏麗。香料丁香的花香也是一個魅力點。繼承了親本歐菲莉亞（Ophelia）的優雅氣質。

Dainty Bess

龐巴度玫瑰

系統：灌木玫瑰　**花徑大小**：大輪　**開花習性**：四季開花　**花香**：強香　**樹形**：灌木　**樹高**：1.3m　**耐陰性**：弱　**耐暑性**：強　**耐寒性**：普通　**栽培空間**：M

花瓣的瓣數多，自由奔放的簇生狀花型。春天時大輪花的美麗無庸置疑，夏天時可愛的夏花也迷人有魅力。散發出以水果香為主的濃郁花香。讓枝條延伸，誘引攀附在錐形花架和平面花架上等，也是不錯的利用方式。花名來自於「龐巴度玫瑰粉紅（Pompadour Pink）」。法國國王路易十五的情婦龐巴度夫人發揚了塞夫勒瓷窯（Manufacture nationale de Sèvres），在她的影響下，塞夫勒瓷器成為寫字桌上的一種流行飾品，而塞夫勒瓷器的經典粉紅色因此稱為龐巴度玫瑰粉紅色。

Aoi

葵

系統：中輪豐花玫瑰　**花徑大小**：中輪　**開花習性**：四季開花　**花香**：微香　**樹形**：木立　**樹高**：0.7m　**耐陰性**：弱　**耐暑性**：普通　**耐寒性**：普通　**栽培空間**：M

富有時尚現代感的花型，一莖多花叢開性，成一大叢綻放，花量多。本為切花品種，故花期持久。如果生長狀況健全，枝條會像灌木玫瑰般延伸，若讓它依照原本的樹形去自然生長，枝條會輕柔低垂，充滿了雅緻的日本和風氣息。

Rose Pompadour

摩納哥王妃

系統：大輪玫瑰　**花徑大小：**大輪　**開花習性：**四季開花　**花香：**中香　**樹形：**木立　**樹高：**1.2m　**耐陰性：**弱　**耐暑性：**普通　**耐寒性：**弱　**栽培空間：**M

擁有大方沉穩且優雅的美感。帶有亮澤的深綠色葉片相當漂亮。容易長出不結花的枝條（盲芽），建議以10吋以上的花盆種植，發現盲芽時盡早剪除，較容易結花苞。因本身的性質，夏季時葉片會捲曲。

新浪

系統：大輪玫瑰　**花徑大小：**大輪　**開花習性：**四季開花　**花香：**中香　**樹形：**木立　**樹高：**1.1m　**耐陰性：**弱　**耐暑性：**普通　**耐寒性：**弱　**栽培空間：**M

寺西菊雄先生一改過往的劍瓣高芯花型的風格，發表了波浪狀花瓣的新品種。新浪更可說是帶動波浪狀風潮的先驅品種之一。即使以盆栽種植，花量依然多。栽培時注意肥料用量，肥料過多容易導致白粉病發生。適合作為切花利用。

德勒斯登娃娃

系統：迷你玫瑰　**花徑大小：**小輪　**開花習性：**四季開花　**花香：**微香　**樹形：**木立　**樹高：**0.5m　**耐陰性：**弱　**耐暑性：**普通　**耐寒性：**弱　**栽培空間：**S

萼片上像布滿了苔蘚般，繼承了古典玫瑰（苔蘚薔薇Moss Rose）威廉羅布（William Labb）的性質。讓古老玫瑰的特徵，在木立樹形及四季開花性的現代玫瑰中展現出來。極適合以盆栽種植。

安娜普納

系統：大輪玫瑰　**花徑大小：**大輪　**開花習性：**四季開花　**花香：**強香　**樹形：**木立　**樹高：**1.0m　**耐陰性：**弱　**耐暑性：**普通　**耐寒性：**弱　**栽培空間：**M

純淨潔白，最接近白色的代表品種。清新香甜的花香更為它增添雅緻氛圍，是世界知名的人氣玫瑰。容易因黑點病而使葉片掉落，也容易因寒冷而使枝條枯萎。花名來自於有著「豐收女神」之意的喜馬拉雅山脈的安娜普納峰。

天之羽衣

系統：大輪玫瑰　**花徑大小：**大輪　**開花習性：**四季開花　**花香：**強香　**樹形：**木立　**樹高：**1.1m　**耐陰性：**弱　**耐暑性：**普通　**耐寒性：**弱　**栽培空間：**M

純白且潔淨無瑕的玫瑰，花芯上染著淡淡的粉紅色。茶香中融入水果香的香氣，更增添高雅的氣質。此花為紀念為《羽衣》而奉獻一生的法國芭蕾舞者艾倫娜賈格拉里斯（Hélène Giuglaris）而命名，在法國與日本無邦交的當時，艾倫娜靠著獨學，研究日本傳統藝術「能劇」中的一曲目《羽衣》，並在歐洲各地為推廣《羽衣》而表演奔走，35歲時因過度勞累於公演的途中去世。

勒布朗

系統：中輪豐花玫瑰　**花徑大小：**中輪　**開花習性：**四季開花　**花香：**強香　**樹形：**木立　**樹高：**0.7m　**耐陰性：**弱　**耐暑性：**普通　**耐寒性：**弱　**栽培空間：**M

像輕薄柔軟的蕾絲裙襬般，有著透明感的白色玫瑰。花名來自於法文的「白色」。雖然花朵和枝葉的線條與植株的氛圍，給人纖弱的印象，但相較下是較容易栽培的。適合以盆栽種植。建議修剪時淺修即可。

琉璃

系統：灌木玫瑰 **花徑大小：**中輪 **開花習性：**四季開花 **花香：**中香 **樹形：**木立 **樹高：**0.6m **耐陰性：**弱 **耐暑性：**普通 **耐寒性：**弱 **栽培空間：**S

帶藍色的淡紫色，如寶石般沉靜美麗，圓圓的杯型花，精緻可愛有個性。植株小型低矮，以盆栽種植更適合它。在植株尚未茁壯前，只要在開花結束後進行開花後修剪即可。甜甜香味加上淡淡的辛香味，更為琉璃增添迷人風味。

Lapis lazuli

Wakana

新綠

系統：大輪玫瑰 **花徑大小：**中輪 **開花習性：**四季開花 **花香：**微香 **樹形：**木立 **樹高：**1.3m **耐陰性：**弱 **耐暑性：**強 **耐寒性：**普通 **栽培空間：**M

淡綠色的花隨著花開，花芯漸漸轉為白色。散發出淡雅茶香。花莖直立，單花花期長，可作為切花來裝飾利用。因花瓣多且環抱狀花型，若花瓣中積水，花瓣易受傷且易腐爛，故建議持續下雨時，將植株搬移至不會淋雨的屋簷下。肥料用量少，且有充足的日照時，綠色會較濃且明顯。

Charles de Gaulle

夏爾戴高樂

系統：大輪玫瑰 **花徑大小：**大輪 **開花習性：**四季開花 **花香：**強香 **樹形：**木立 **樹高：**1.0m **耐陰性：**弱 **耐暑性：**普通 **耐寒性：**弱 **栽培空間：**M

微微帶著紅色的淡紫色花，沉穩大方的花型充滿法國風格，散發高雅魅力。刺少，植株較為小型低矮。在淡紫色系的品種中屬於花量多，即使是盆栽種植也有足夠花量。具有藍色系玫瑰特有的香甜花香。

夏爾索維奇夫人

系統：大輪玫瑰　**花徑大小：**大輪　**開花習性：**四季開花　**花香：**強香　**樹形：**木立　**樹高：**0.8m　**耐陰性：**弱　**耐暑性：**普通　**耐寒性：**弱　**栽培空間：**M

美麗的黃色上染著深橘黃色，輕柔飄逸的波浪狀花型，勾勒出法式優雅。橫張外擴的木立樹形，如果利用樹玫瑰等方式讓高度增高，讓枝條蓬鬆地向側邊生長、開花，會更有看頭。會散發茶系的高雅香味。別名為密西西比（Mississippi）。

福利吉亞

系統：中輪豐花玫瑰　**花徑大小：**中輪　**開花習性：**四季開花　**花香：**強香　**樹形：**木立　**樹高：**0.8m　**耐陰性：**弱　**耐暑性：**普通　**耐寒性：**弱　**栽培空間：**M

花瓣數較少，一莖多花，輕盈的花成叢盛開。香甜的花香，有著和小蒼蘭相似的顏色。早開性，花朵一個接一個持續不停綻放，四季皆可欣賞。建議修剪時淺修即可，對植株的生長較為有利，花量也較多。

浪漫寶貝

系統：中輪豐花玫瑰　**花徑大小：**中輪　**開花習性：**四季開花　**花香：**微香　**樹形：**木立　**樹高：**0.7m　**耐陰性：**弱　**耐暑性：**強　**耐寒性：**弱　**栽培空間：**S

本為切花用的玫瑰品種，因此單花花期相當長。在切花系品種中，浪漫寶貝具有相當的耐病性，栽培容易。若肥料施給的分量足夠且定期，植株生長旺盛，屬於花多少心思就有多少回報的品種。小型低矮，狹小的場所也能種植。

K.Tamaoki

大鍵琴

系統：灌木玫瑰　**花徑大小：**中輪　**開花習性：**四季開花　**花香：**中香　**樹形：**木立　**樹高：**0.6m　**耐陰性：**弱　**耐暑性：**強　**耐寒性：**弱　**栽培空間：**S

可愛有個性的花，帶有淡淡奶油色的黃色，隨著花的綻放，杯型轉成簇生型，不同表情帶來不同的美麗風情。單花花期長，散發出清甜的茶香。植株小型低矮，不占空間，可以放置在容易觀賞的近處。花名來自於鋼琴前身的鍵盤樂器名。（2015年起更正分類成類型2）

尼可羅帕格尼尼

系統：中輪豐花玫瑰　**花徑大小**：中輪　**開花習性**：四季開花　**花香**：微香　**樹形**：木立　**樹高**：0.9m　**耐陰性**：弱　**耐暑性**：普通　**耐寒性**：弱　**栽培空間**：M

絲絨般的質感，鮮豔亮麗的紅色。標準工整的劍瓣高芯花型，在中輪玫瑰中是稀有的。植株大小在類型3的玫瑰當中屬小型，不占空間，適合以盆栽種植。單花花期持久，因此也可作為切花來欣賞利用。花名來自義大利的知名音樂家之名。

薰乃

系統：中輪豐花玫瑰　**花徑大小**：中輪　**開花習性**：四季開花　**花香**：強香　**樹形**：木立　**樹高**：1.0m　**耐陰性**：弱　**耐暑性**：強　**耐寒性**：弱　**栽培空間**：M

顏色豐富且柔美，帶有粉紅、杏黃色的米色杯型花，一莖多花成叢盛開。葉片是沉穩的灰色，沒有光澤，與花的顏色形成漂亮的對比。大馬士革為基底，融入茶香的濃郁花香。花量多，尤其適合以盆栽種植。

愛

系統：大輪玫瑰　**花徑大小**：大輪　**開花習性**：四季開花　**花香**：微香　**樹形**：木立　**樹高**：1.3m　**耐陰性**：普通　**耐暑性**：強　**耐寒性**：普通　**栽培空間**：M

花瓣表面是紅色，背面則是白色，鮮明的對比格外引人注目。以愛為名，卻只有淡淡微香，雖然有些許美中不足，但端正高雅的花型完美彌補了缺失。單花花期長，且花量多，也適合作為切花來利用。性質接近類型2的玫瑰，栽培容易。

黑色巴卡拉

系統：大輪玫瑰　**花徑大小**：中輪　**開花習性**：四季開花　**花香**：微香　**樹形**：木立　**樹高**：1.2m　**耐陰性**：弱　**耐暑性**：普通　**耐寒性**：弱　**栽培空間**：M

一般而言，黑玫瑰的花瓣容易出現因日照而焦黑，但此品種因花瓣厚實，焦黑的情況鮮少發生。單花花期長，且花量多，在切花界中也相當具有人氣。當花朵打開約三至四分時剪下，插入花瓶中，如此一來開花時顏色將更呈現深黑色。

法蘭西斯迪布伊

系統：古典玫瑰　**花徑大小**：中輪　**開花習性**：四季開花　**花香**：強香　**樹形**：木立　**樹高**：0.7m　**耐陰性**：弱　**耐暑性**：普通　**耐寒性**：弱　**栽培空間**：M

春天時，花朵最外圍的花瓣帶有黑色，更能襯托出花色。花型隨著花開，從杯型轉變成簇生型，無論哪個階段都有不同美麗。植株小型低矮，且枝條細，適合以盆栽種植。花香以大馬士革為基底，再融入水果香，濃郁芬芳。

蔓性樹形

⇒參照P.54至P.55

雞尾酒

系統：灌木玫瑰　**花徑大小**：小輪　**開花習性**：四季開花　**花香**：微香　**樹形**：蔓性　**樹高**：2.0m　**耐陰性**：普通　**耐暑性**：強　**耐寒性**：普通　**栽培空間**：L

樹勢強，枝條不斷延伸，即使是細小的枝條也能結花。無論是誘引攀附於何種結構物上，整體都能開滿繽紛的花，是相當優秀的品種。冬季修剪時，若強剪，春季會像木立玫瑰般盛開，使用的自由度高。

Rose Column

灌木玫瑰與灌木樹形

玫瑰的用語中，較難以理解的一個用詞是「灌木」。所謂「灌木」，其實存在著有兩個意思：一是指「樹形」的灌木，另一個則是「玫瑰系統」中的灌木（Shrub Rose）。如果能夠理解這兩者的差異，對玫瑰認識的深度將會更深一層。

「樹形」的灌木

灌木樹形介於蔓性樹型與木立樹形中間，屬半蔓性。植株基部之外的枝條，蓬鬆地向側邊呈拋物線般生長（參照P.55）。和HT大輪玫瑰等剛直的木立樹形相比，灌木樹形的線條較為柔和優美，和草花容易互相襯托及搭配，是適合使用在庭園園藝的樹形。一部分的古典玫瑰和英國玫瑰等近年人氣品種，就是屬於灌木樹形。

冬季時不強剪，讓枝條延伸，誘引攀附於拱門花架、錐形花架、圍籬等，可當作為小型的蔓性玫瑰利用。但相對的，冬季時如果強剪，降低樹高，如此一來，春天時植株的姿態將能像木立樹形般。在尚未熟悉與習慣此樹形前，也許較為困難，但只要熟悉後，灌木樹形能依照想要塑造的樹形去自由變化，是相當方便且容易利用的。

「玫瑰系統」的灌木

1950年之後，「現代玫瑰的HT大輪玫瑰・FL中輪豐花玫瑰」和「古典玫瑰・原生種的交配種」這兩類群的交配育種變得盛行。透過這兩類群的交配，玫瑰的耐寒性提升，樹形、花型、花色等也更加多樣豐富，且獲得了四季開花性。

在這樣的交配下誕生出的玫瑰，多數都是灌木樹形，因此玫瑰系統中增加了「灌木玫瑰（Shrub Rose）」，以用來稱呼此類型。但因木立樹形的HT大輪玫瑰或FL中輪豐花玫瑰等，多被用來作為交配時一部份的親母本，因此木立樹形的灌木玫瑰，其實並不稀奇。在庭院占地不寬廣的日本或台灣，反而是木立樹形的灌木玫瑰，人氣指數較高。

枝條不外擴的木立樹形的灌木玫瑰。植株小型低矮，即使是狹小空間也能栽培。圖中的花為波麗露（Bolero 類型2）。

枝條蓬鬆外擴的灌木樹形的灌木玫瑰。延伸枝條就能塑造成蔓性玫瑰風來欣賞。圖中的花為佛羅倫斯德拉特（Florence Delattre 類型3）。

令人憧憬的嬌弱玫瑰

追求新奇的花色或花型，如接近藍色的花色等，充滿魅力的玫瑰們，及為了切花用途而被開發出的華麗玫瑰等。因為樹勢嬌弱，與地植於庭院相較，更建議以盆栽來栽培的玫瑰類群。

栽培容易度 ★☆☆☆

耐病性 ★☆☆☆

像嬌弱的美少女般的玫瑰 栽培時需要懂得要領與訣竅

藍色，是玫瑰所沒有的顏色。擁有過去所沒有的魅力花色、花型的新奇玫瑰，例如最接近藍色的玫瑰等，或為了切花用途而被開發出來，用於溫室栽培的玫瑰等，如同前述這些原來就並非作為庭園玫瑰（園藝用玫瑰）用途的品種，多屬於第4類型。為了追求新奇性而被育種出，多數的品種樹勢相當嬌弱，比如持續淋雨後所發生的黑點病，就會導致致命性的衰弱等。第4類型在玫瑰品種中，樹勢最弱，且沒有耐病性，如果與其他類型的品種以相同的方式去培育，生育狀況並不會相同。

此類型與第3類型相同，需要定期施給肥料與噴灑藥劑，但除此之外更需要的是，依照玫瑰的健康狀況適時給予適當的照顧，並且調整肥料用量等。這些栽培的要領都要透過平時常陪伴玫瑰，持續地觀察，並與它們對話才能夠體會並領悟。第4類型這種適合老手的玫瑰，如果出現擁有相同程度的魅力，但較為容易栽培的品種時，也許何時會消失或被淘汰，一點也不會令人意外。

類型1和類型2等樹勢強建的玫瑰，從根部不停吸收水分和肥料，再從葉片蒸散，並進行光合作用，在反覆這樣的過程中，玫瑰逐漸茁壯。但類型4的玫瑰，樹勢弱，根部無法吸收過多的水分和肥料，因此如果種植於大型花盆中或保水性好的土質中，就容易發生根部腐爛的狀況，無法正常健康地生長。因此建議種植時，利用較容易乾燥且尺寸小的花盆，約6吋至8吋，並選擇通氣性、排水性優良，容易乾燥，疏鬆的土壤。如果植株順利成長到8吋盆已經不足的程度時，那就表示你將它們種得非常好，此時請先好好稱讚自己，再幫它們換到10吋盆吧！

因為前述這些理由，加上地植於庭院時，將難以控管通氣性和排水性等，因此建議此類型的玫瑰以盆栽種植，且從新苗（參照P.57）開始培育。「從新苗開始種起？」也許你會感到不安或疑惑，但若將植株從還是嬰兒階段，就讓它們在熟悉的環境中成長，且受到細心照顧和愛情的灌溉，如此反而是得到好成果的最佳捷徑。

栽培小筆記

◎肥料

如果生長狀況健全順利，則和類型3需要定時施肥且給予足夠的用量。但因為初期生長緩慢，剛購買的苗或植株仍小時，肥料的使用用量約規定量的七至八成即可。

◎藥劑散布

樹勢弱，在葉片的光合作用中，植株緩慢地成長茁壯，若因黑點病而喪失葉片，會導致生長停滯。建議每十日至兩週一次進行殺菌劑的噴灑，且盡量放置在不會淋雨的場所。

◎剪定

修剪時若修剪過深，會使健康的枝條不易長出，因此強剪是禁忌。珍惜現有的枝條，建議在進行開花後修剪、春、秋季修剪、冬季修剪等，皆淺修即可。

木立樹形・灌木樹形

⇒參照P.54至P.55

拿鐵藝術

系統：大輪玫瑰　**花徑大小**：中輪　**開花習性**：四季開花　**花香**：微香　**樹形**：木立　**樹高**：0.6m　**耐陰性**：弱　**耐暑性**：普通　**耐寒性**：弱　**栽培空間**：S

捲捲漩渦般的美麗花芯，分成數個，就像是咖啡師作出的拉花藝術般，有著變化多端的魅力表情。樹勢弱，建議將盆栽用花架或木棧板等墊高，增加通氣性。不宜強剪，終年修剪皆以淺修即可。如果植株沒有因疾病而喪失葉片，枝條的壽命長。

加百列

系統：中輪豐花玫瑰　**花徑大小**：中輪　**開花習性**：四季開花　**花香**：強香　**樹形**：木立　**樹高**：1.0m　**耐陰性**：弱　**耐暑性**：普通　**耐寒性**：弱　**栽培空間**：S

帶著尖角的花瓣，片片層疊出柔美的姿態，輕輕染上藍色的花色，彷彿就像是來自天堂的玫瑰。不宜強剪，兩至三年時枝條會出現看似木質化、植株老化的現象，但對生育狀況並沒有影響。

路西法

系統：大輪玫瑰　**花徑大小：**中輪　**開花習性：**四季開花　**花香：**強香　**樹形：**木立　**樹高：**1.1m　**耐陰性：**弱　**耐暑性：**強　**耐寒性：**弱　**栽培空間：**S

雖然有些難以取悅，但若是見到盛開的花朵，品味花香後，就會難以忘懷路西法的魅力。肥料多，在低溫期時不容易開花，建議使用肥料含量少，且較疏鬆，顆粒大，容易乾燥的土壤種植。

綠色大地

系統：大輪玫瑰　**花徑大小：**中輪　**開花習性：**四季開花　**花香：**微香　**樹形：**木立　**樹高：**0.5m　**耐陰性：**弱　**耐暑性：**普通　**耐寒性：**弱　**栽培空間：**S

可愛獨特的綠色杯型花，重複開花性高。因花瓣硬，若肥料施給過多，花朵容易打不開。栽培時注意蚜蟲與灰黴病。建議於開花時將盆栽移動至不會淋雨的場所，修剪時將頂部淺修即可。

轉藍

系統：中輪豐花玫瑰　**花徑大小：**中輪　**開花習性：**四季開花　**花香：**微香　**樹形：**木立　**樹高：**1.0m　**耐陰性：**弱　**耐暑性：**普通　**耐寒性：**弱　**栽培空間：**S

小林森治先生投注他的人生所培育出的玫瑰，可說是世界上最接近藍色的品種之一。若植株本身夠結實茁壯，春季時會開出杯型花。如果遵照著基本原則栽培，其實並不困難，但注意勿修剪過深，強剪是禁忌。

藍色天堂

系統：中輪豐花玫瑰　**花徑大小：**中輪　**開花習性：**四季開花　**花香：**微香　**樹形：**木立　**樹高：**0.5m　**耐陰性：**弱　**耐暑性：**弱　**耐寒性：**弱　**栽培空間：**S

河本純子女士所培育，世界上最接近水藍色的玫瑰之一。在白天的日光下，也許感覺不出顏色，但若是在日陰處或夜晚的螢光燈下時，就能欣賞到美麗的水藍色。修剪只要進行開花後修剪即可，強剪是禁忌。

迪士尼樂園玫瑰

系統：中輪豐花玫瑰　**花徑大小：**中輪　**開花習性：**四季開花　**花香：**微香　**樹形：**木立　**樹高：**0.9m　**耐陰性：**弱　**耐暑性：**普通　**耐寒性：**弱　**栽培空間：**M

一朵花上同時具有粉紅、橘色等複雜豐富的花色，彷彿就像是迪士尼樂園裡繽紛多彩的遊行般。一旦因疾病而使葉片掉落，需要花時間才能恢復原本的樹勢，因此栽培時盡量避免植株淋雨，並徹底防治黑點病的發生。

Disneyland Rose

Eventail d'or

金扇

系統：大輪玫瑰　**花徑大小：**中輪　**開花習性：**四季開花　**花香：**微香　**樹形：**木立　**樹高：**0.8m　**耐陰性：**弱　**耐暑性：**弱　**耐寒性：**弱　**栽培空間：**S

茶色花色中隱藏著金色，稀有獨特。飄逸輕柔的花型更添迷人魅力。單花花期看似不長，但其實是可作為切花來欣賞的。夏季時要避免西曬，放置於能照射到上午陽光的場所。植株若從新苗開始培育起，生育狀況會更加順利健全。

復古蕾絲

系統：中輪豐花玫瑰　**花徑大小：**小輪　**開花習性：**四季開花　**花香：**微香　**樹形：**木立　**樹高：**0.7m　**耐陰性：**弱　**耐暑性：**普通　**耐寒性：**弱　**栽培空間：**S

配合溫室環境所作出的切花用品種，枝條柔軟，若因疾病而使葉片掉落，就會導致植株衰弱。栽培時要珍惜保護葉片，並讓老舊枝條進行更新回春。化學肥料與有機肥料交互使用，更能延長植株壽命。

Antique Lace

可愛伊甸園

系統：中輪豐花玫瑰　**花徑大小：**小輪　**開花習性：**四季開花　**花香：**微香　**樹形：**木立　**樹高：**0.6m　**耐陰性：**弱　**耐暑性：**普通　**耐寒性：**弱　**栽培空間：**S

迷人可愛的花色、花型，相當具有人氣。本為切花用途的玫瑰，對白粉病的耐病性等級屬於最弱的品種之一。如果同時栽培多數品種時，此玫瑰會最先發生白粉病，因此平時多仔細觀察，作好防治工作，發病初期請盡早採取對策。

漣漪

系統：中輪豐花玫瑰　**花徑大小：**中輪　**開花習性：**四季開花　**花香：**強香　**樹形：**木立　**樹高：**0.8m　**耐陰性：**弱　**耐暑性：**普通　**耐寒性：**弱　**栽培空間：**S

成熟沉穩的紅紫色花色，波浪狀花瓣，花朵獨特有個性，香氣芬芳濃郁。對黑點病與白粉病的耐病性弱，如果葉片掉落，生長將會停滯，因此盡早作好防治工作。花名為法文「漣漪」之意。

紫虎

系統：中輪豐花玫瑰　**花徑大小：**中輪　**開花習性：**四季開花　**花香：**中香　**樹形：**木立　**樹高：**1.0m　**耐陰性：**弱　**耐暑性：**普通　**耐寒性：**弱　**栽培空間：**M

獨特色彩的絞紋相當引人注目，能成為視覺焦點，讓庭院整體的色彩變生動。親本為密謀（Intrigue 參照P.43）。因受到親本和新奇性的影響，樹勢弱，對黑點病的耐病性也弱。另有流通名為胭脂虎。

海蒂克隆玫瑰

系統：中輪豐花玫瑰　**花徑大小**：中輪　**開花習性**：四季開花　**花香**：強香　**樹形**：木立　**樹高**：0.6m　**耐陰性**：弱　**耐暑性**：弱　**耐寒性**：弱　**栽培空間**：S

兼具華麗和高雅的花色，濃郁的大馬士革花香。植株小型低矮，玄關等場所也適宜。雖然對黑點病耐病性弱，但樹勢並不算弱。若在雨量較少的地區，可以種植於庭院。可作為切花來欣賞裝飾。這是獻給德國名模海蒂克隆（Heidi Klum）的玫瑰。

密謀

系統：中輪豐花玫瑰　**花徑大小**：中輪　**開花習性**：四季開花　**花香**：強香　**樹形**：木立　**樹高**：1.0m　**耐陰性**：弱　**耐暑性**：普通　**耐寒性**：弱　**栽培空間**：M

酒紅色的花色，濃郁的大馬士革為主的花香，會誘惑見過它的人。對黑點病的耐病性弱，植株柔軟，因此相當忌諱因疾病而掉落葉片，需要定期且確實地噴灑藥劑。花名為「密謀」、「詭計」之意。

藍色狂想曲

系統：灌木玫瑰　**花徑大小**：中輪　**開花習性**：四季開花　**花香**：強香　**樹形**：灌木　**樹高**：1.5m　**耐陰性**：普通　**耐暑性**：弱　**耐寒性**：普通　**栽培空間**：M

若種植場所是北海道或高冷區域，可看作為類型2。因沒有耐暑性，在日本關東地區以西的平地，若到了夏季，會接近快要枯萎的狀態，雖然進入秋天後會恢復，但植株幾乎不太生長。建議放置於只有上午有充足日照，下午則是能避開炎熱的半日照場所。

類型 1

野性且強健的玫瑰

以原生種及原生種的交雜種為主。西洋與東洋的初期古典玫瑰也幾乎屬於此類型。多數為一季開花性的品種，在此針對適合盆栽種植且四季開花性的木立樹形進行介紹。

栽培容易度 ★★★★
耐病性 ★★★☆

生長旺盛的一季開花性品種多 玫瑰的原貌及香味是魅力所在

類型1的玫瑰主要是，在人們尚未開始園藝前就存在於自然界中的原生種，及原生種的交雜種。西洋與東洋的初期古典玫瑰也大多屬於此類型。在尚未出現農藥和化學肥料的年代，沒有人類多餘的照顧，靠著自已的力量持續成長，其旺盛的生長力和強健的耐病性可想而知。如果不夠強健，就早已經消失蹤跡了。因此也可以說，類型1的玫瑰是經由自然界所選拔出的傑出類群。

花型以單瓣平開、半重瓣平開、及西洋古典玫瑰原形的簇生型為主。簇生型的原文「rosette」是「像玫瑰般的」，前人認為此花型是「像玫瑰的花型」，而如此取名。可欣賞到玫瑰本來樣貌。花色變化幅度不大，濃粉紅、淡粉紅、白、紅紫色等。而在西洋初期古典玫瑰之中，擁有魅力香氣的品種甚多。

大部分為一季開花性，但也有極少數屬四季開花性。樹形多為灌木樹形與蔓性樹形，木立樹形的品種雖少，但還是存在。

一季開花性的玫瑰，因為不需要重複開花，不須耗費多餘的能量與養分，因此能長期維持樹勢。雖然耐寒性、耐陰性皆強，但耐病性的等級與類型2幾乎相同。雖然可以採用無農藥的有機栽培，但如果希望能欣賞漂亮健康的葉片，進行黑點病等預防藥劑的噴灑工作會更為有效。簡便式的手動噴霧型藥劑就足夠，但若是噴灑的面積寬廣，使用小型的噴霧器較為便利。

若希望讓植株變大，使用12吋以上花盆，而若想要誘引攀附在更廣大的面積，則建議使用15吋以上。若是木立樹形，8至10吋的花盆就能栽培。

像類型1這種樹勢強的玫瑰，根部吸取大量水分，且從葉片的蒸散量也多，因此為了不使植株發生缺水狀況，栽種時建議使用保水性優良的土壤。但若是用土量多的大型花盆，過多的水分囤積在花盆中反而會導致根部受損，因此改為使用較易乾燥的土壤。

栽培小筆記

◎肥料
一季開花性的品種，兩至三個月一次，四季開花性的品種則是每月一次放置固體肥料。若肥料施給過多，反而使植株柔弱，且導致白粉病發生，務必留意肥料的用量。

◎藥劑散布
不噴灑農藥也能栽培，但若希望維持葉片乾淨漂亮，每個月一次進行殺菌劑的噴灑工作。和其他類型相同，數種藥劑交替使用會較有效果。

◎剪定
原生種及一季開花性等體積較大型的品種，開花後的四月進行強剪。冬季修剪時，留意枝數=春天的花量，不要修剪過深。

木立樹形・灌木樹形

⇒參照P.54至P.55

盧森堡凱旋

系統：古典玫瑰　**花徑大小**：中輪　**開花習性**：四季開花　**花香**：中香　**樹形**：木立　**樹高**：1.3m　**耐陰性**：普通　**耐暑性**：強　**耐寒性**：普通　**栽培空間**：M

初期古典玫瑰，卻有著讓人聯想到HT大輪玫瑰的花和樹形。但比HT大輪玫瑰更有耐病性，且樹勢也更強。雖是古典玫瑰但擁有相當高的完成度，當看到這玫瑰時，就會讓人開始思考「玫瑰是否真的進化了呢？」

婚禮鐘聲

系統：大輪玫瑰　**花徑大小**：大輪　**開花習性**：四季開花　**花香**：微香　**樹形**：木立　**樹高**：1.2m　**耐陰性**：普通　**耐暑性**：強　**耐寒性**：強　**栽培空間**：M

能讓人感覺玫瑰的育種一口氣進步了數十年的新品種。HT大輪玫瑰但具有東洋古典玫瑰的強韌、木立性、四季開花性，再加入東洋古典玫瑰所沒有的耐寒性。是未來的名花候補。

青蓮學士

系統：古典玫瑰　**花徑大小：**小輪　**開花習性：**四季開花　**花香：**微香　**樹形：**木立　**樹高：**1.1m　**耐陰性：**普通　**耐暑性：**強　**耐寒性：**普通　**栽培空間：**M

越接近花芯，顏色漸漸轉淡，漸層的粉紅色變化相當優美。配合上如鋸齒般有凹凸的花瓣，自成一個獨特氛圍的小世界。有新奇性且看似纖細柔弱，但植株十分強健，刺少。怕寒冷氣候，在類型1的玫瑰中，是屬於較無耐寒性的品種。

十六夜薔薇

系統：野生種　**花徑大小：**中輪　**開花習性：**四季開花　**花香：**微香　**樹形：**木立　**樹高：**1.0m　**耐陰性：**普通　**耐暑性：**強　**耐寒性：**普通　**栽培空間：**M

有著東洋風的簇生狀花型的花，在滿開時不會呈圓形，而是如同農曆16日晚上的月亮般有缺角，因此被命名「十六夜」。由9至11片的小葉片組成的葉片，獨特有個性。果實布滿細刺，也十分有趣。擁有重複開花性，在原生種中是相當稀有的。

粉月季

系統：古典玫瑰　**花徑大小：**中輪　**開花習性：**四季開花　**花香：**中香　**樹形：**木立　**樹高：**1.0m　**耐陰性：**普通　**耐暑性：**強　**耐寒性：**普通　**栽培空間：**M

最初被帶入歐洲的東洋古典玫瑰（中國月季）之一。樸素簡潔的美，相當耐看。在日本從以前就已經開始被種植，在一般民家的庭院中也可見到，放任不管也能生長健全且開花的景色。對寒冷的耐寒性不甚優良。

康乃馨

系統：古典玫瑰　**花徑大小**：中輪　**開花習性**：四季開花　**花香**：中香　**樹形**：木立　**樹高**：1.2m　**耐陰性**：普通　**耐暑性**：強　**耐寒性**：普通　**栽培空間**：M

是否為東洋古典玫瑰的中國月季（China Rose）與茶薔薇（Tea Rose）系統的交配種，此說法仍尚未被證實。葉片強韌，且重複開花性高，是相當優秀的玫瑰。有著如波浪般輕柔起伏的花瓣，花香優雅，單花花期也持久。

安托萬馬里夫人

系統：古典玫瑰　**花徑大小**：中輪　**開花習性**：四季開花　**花香**：中香　**樹形**：木立　**樹高**：1.0m　**耐陰性**：普通　**耐暑性**：強　**耐寒性**：普通　**栽培空間**：M

微微低垂著頭向下開花，惹人憐愛的玫瑰。粉紅色的漸層變化十分優美。此品種同時兼具美麗與強韌的玫瑰，並不多見。微向側邊橫張生長，但植株屬小型低矮。是育種家獻給自己妻子的玫瑰，可以感受到愛情的自信之作。

白雪道路

系統：灌木玫瑰　**花徑大小**：中輪　**開花習性**：四季開花　**花香**：中香　**樹形**：木立　**樹高**：0.7m　**耐陰性**：普通　**耐暑性**：普通　**耐寒性**：強　**栽培空間**：M

淡淡粉紅色的可愛杯型花，花瓣與黃色花蕊的顏色對比雅緻美麗。此類型的玫瑰多給人粗硬的感覺，但粗硬中又帶有嬌柔的美感，是女性也會喜歡的玫瑰。

蕾奧妮拉米斯

系統：多花薔薇　**花徑大小**：小輪　**開花習性**：四季開花　**花香**：中香　**樹形**：木立　**樹高**：0.8m　**耐陰性**：普通**耐暑性**：強　**耐寒性**：普通　**栽培空間**：M

鮭粉紅色為基底，淡濃粉紅色輕柔包覆花朵般，形成美麗獨特的花色。不只花朵有魅力，刺少，容易栽培利用。在類型1的類群中屬於較沒有耐寒性的品種。

金色之夢

系統：古典玫瑰　**花徑大小：**中輪　**開花習性：**重複開花　**花香：**中香　**樹形：**灌木　**樹高：**2m　**耐陰性：**普通　**耐暑性：**普通　**耐寒性：**普通　**栽培空間：**L

沉穩的杏黃色花自成獨特的氛圍。初期生長較為緩慢，但能穩定且確實地逐漸茁壯。若擔心初期生長慢而施給過多肥料，反而造成反效果。耐寒性較低，不適合寒冷地區。和此類花色的其他品種相較，擁有傑出的耐病性。

瑪麗德馬

系統：古典玫瑰　**花徑大小：**中輪　**開花習性：**重複開花　**花香：**中香　**樹形：**灌木　**樹高：**1.5m　**耐陰性：**普通　**耐暑性：**強　**耐寒性：**普通　**栽培空間：**M

淡淡柔美的粉紅簇生型花，不僅甜美可愛且花量多。不只花朵有魅力，自立性的植株姿態也相當優美。繁茂直立的灌木樹形，因此也適用於狹小空間的盆栽種植。

蔓性樹形

⇒參照P.54至P.55

繁榮

系統：雜交麝香薔薇　**花徑大小：**中輪　**開花習性：**重複開花　**花香：**中香　**樹形：**蔓性　**樹高：**2m　**耐陰性：**強　**耐暑性：**強　**耐寒性：**強　**栽培空間：**L

主幹先直立後，柔軟的側枝再向側邊橫向生長，因此不適合用於低矮的圍籬等。一莖多花叢開，中輪的花成一大叢綻放，花量多到能幾乎覆蓋植株整體，就如同花名「繁榮」般壯觀。即使以盆栽種植，也不減其花量，秋天也能盛開。

JBP-H.Imai

保羅的喜馬拉雅麝香

系統：蔓延薔薇　**花徑大小**：小輪　**開花習性**：一季開花　**花香**：微香　**樹形**：蔓性　**樹高**：3.0m　**耐陰性**：強　**耐暑性**：普通　**耐寒性**：強　**栽培空間**：L

連柔細的枝條前端，也能輕柔地開出飄逸著櫻花風情的花朵。若想誘引覆蓋於寬廣的面積，則選用大型的花盆來栽培。雖然一年只在春天盛開一次，卻相當壯觀有看頭。有尖銳且硬的利刺，盆栽勿放置於人行通道，會較為安全。

阿爾貝里克巴比爾

系統：蔓延薔薇　**花徑大小**：中輪　**開花習性**：一季開花　**花香**：中香　**樹形**：蔓性　**樹高**：3.0m　**耐陰性**：強　**耐暑性**：普通　**耐寒性**：強　**栽培空間**：L

柔細的枝條，無論是塑造方式或誘引作業，都能隨心所欲地發揮，不僅適合用於覆蓋大面積，低矮的圍籬也能誘引攀附。當簇生狀花型的花一同盛開時，能創造出飄逸著透明感的優雅美麗空間。茶系的花香更添魅力。在寒冷地區的秋天也能重複開花。

JBP-H.Imai

弗朗索瓦朱朗維爾

系統：蔓延薔薇　**花徑大小**：中輪　**開花習性**：一季開花　**花香**：中香　**樹形**：蔓性　**樹高**：3.0m　**耐陰性**：強　**耐暑性**：強　**耐寒性**：強　**栽培空間**：L

枝條柔細，容易誘引。適合用於覆蓋大面積的蔓性玫瑰。儘管從高處讓枝條下垂也能開花，因此若從二樓的陽台讓枝條垂吊在一樓玄關處等，也是不錯的塑造方式。香氣雅緻，深綠色的小型葉片和花色的對比十分美麗。

JBP-H.Imai

夏莉法阿斯瑪（Sharifa Asma・類型2）
H.Ukai

第2章 不可不知的玫瑰基本知識

在開始栽培玫瑰前，先記住與玫瑰相關的基本知識吧！尤其是花的大小及三大樹形的部分，與修剪等栽培技巧息息相關。熟悉玫瑰後，栽培技術就能更上一層樓，也更能快樂地享受與玫瑰的美好生活。

（備註）為使內容更清楚易懂，插圖等部分將省略葉片的數量及刺等。

先認識玫瑰的構造

隨著成長 枝條會木質化並逐漸茁壯

從花朵的氛圍常會讓人誤解玫瑰是屬於草花，但其實玫瑰是樹木。因為是樹木，因此對炎熱、寒冷、乾燥、潮濕、雨、強風等皆有強韌的耐性，植株成長後，枝條會木質化變成堅固強壯的枝幹。

目前在台灣流通的苗木，多為扦插苗。而在日本的市場流通的苗木，以嫁接苗為主流，砧木是使用日本野薔薇（Rosa multiflora），在砧木上嫁接園藝種等的穗木而成。野薔薇的強健根部，對高溫多濕的氣候相當有耐力，因此在日本能夠健全生長。

當玫瑰的生長狀況良好時，從植株基部會長出粗壯的基部筍芽（Basal shoot），基部筍芽將成為隔年之後大量開花的主要枝幹。從植株基部往上約數十公分處，也會長出側部筍芽（Side shoot）。

玫瑰從葉片基部的芽點長出新芽，新芽生長成花莖，並在最先端結花苞並開出花朵。

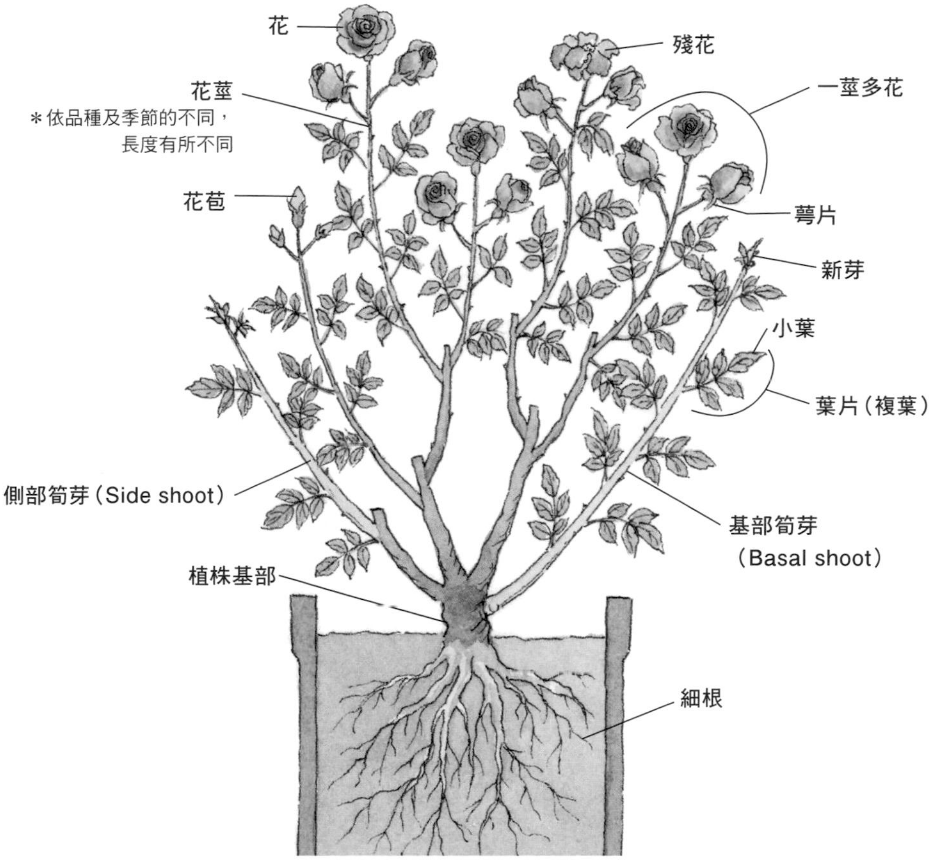

依照小葉的片數，稱為三片葉（右）、五片葉（中央）、七片葉（左），此三種葉片同時會出現在同一植株中。在小葉多且結實的葉片基部上修剪，就能長出結實的枝芽。

玫瑰葉片的數法

玫瑰的葉片，是由小片的葉片（小葉）集合構成一片葉片（複葉）。在古老的時候玫瑰的葉片原本是一片大葉片，但在進化的過程中，葉片增加了缺口，成為現在所見到「獨立的小葉片集合成一片葉片（複葉）」的樣子。玫瑰小葉的片數是奇數，原生種等甚至會出現九片以上小葉的情況。另還有三片葉、七片葉，更多小葉數的也有。

一同來感受玫瑰花朵的魅力

透過品種改良 花色變得豐富又齊全

在中世紀的歐洲，若說到玫瑰的花色，就是深紅、紅紫、白、濃與淡的粉紅色。絞紋從當時就已經存在，但花色的變化度不高，前述這些玫瑰被分類於西洋初期古典玫瑰的類群中。到了18世紀後半以後，加入了從東洋所傳來的四季開花性強的東洋古典玫瑰，因此增加了紅色、奶油黃、杏黃色等花色。

此後，更在1900年時，因為加入了波斯黃（Persian Yellow。參照P.117）的基因，花色一口氣增加了黃色、橘色、朱紅色、絨布質感的紅色、鮭魚粉紅色、淡紫色、茶色、綠色、螢光色、複色等，顏色變得豐富且多樣化。近年也誕生出了花瓣中心有濃顏色的圓形斑紋，被稱作圓斑，容易栽培的園藝品種。到現今可以說，玫瑰的花色除了水藍色、藍色、黑色等顏色尚未出現之外，顏色已經相當齊全。

劍瓣高芯型 轉變為玫瑰原形的簇生型

原生種的玫瑰基本上是單瓣，但因雄蕊突變成花瓣，再經過人為的刻意選拔，玫瑰因此演變成多瓣數。

在歐洲，從古老就存在的花型是簇生型，除此之外還有：花芯分成四等分的四分簇生型、簇生型的花芯中央有小片花瓣內捲成像鈕釦般形狀的鈕釦心、退化的花蕊變成綠色的綠眼睛等。而杯型則是簇生型的變形。

此後，從東洋導入了劍瓣和高芯，它們的進化版劍瓣高芯型，成為了人們對玫瑰最典型的印象。而在歐洲，劍瓣高芯型也掀起了高人氣，從古老就存在的簇生型則被認為是「老舊退流行，老太太才喜歡的玫瑰」，而一時被打入了冷宮。

但隨著時代的不斷演變，簇生型等古典玫瑰的花型，被認為新鮮、獨特具有時尚感，重新取回了它人氣主流的地位。在現今，尤其是在日本，以前所不存在的花型和瓣型，如波浪狀花瓣、鋸齒般有凹凸的鋸齒瓣等有獨特特徵的玫瑰，則相當具有人氣。

原生種是一季開花性 園藝種以四季開花性為主

原生種為一季開花性，從春天到初夏期間花朵一齊盛開，之後枝葉延伸、生長，受到寒冬的洗禮後，隔年春天再次一齊綻放。因為一整年都停止開花，蓄積能量，因此開花時有相當可觀的花量。

另一方面，四季開花性的品種，是將因突變而取得四季開花性的玫瑰用於育種，是玫瑰的園藝種的標準性質。雖然說是四季開花性，但在寒冷地區的冬季，因為氣溫過低，玫瑰落葉並進入休眠。但在台灣等氣溫較高的地區，冬季時不落葉也不休眠，可以稱為是真正的四季開花。

複色的古典玫瑰
安托萬馬里夫人
（Madame Antoine Mari 類型1）

紅色和黃色的絞紋，
有著現代玫瑰的華麗感。
莫里斯尤特里羅（Maurice Utrillo 類型2）

中心有紅紫色圓斑的
新奇特殊花色登場
注視著你（Eyes for You 類型2）。

花的開花方式

一莖一花型

花莖先端只開一朵花。
花徑越是大輪，
越多屬於一莖一花型。

英格麗褒曼Ingrid Bergman

一莖多花型

3至10數朵。
20朵以上
稱一莖多花叢開。
花徑越小，一莖所開出
的花數越多。

盧森堡公主西比拉Princesse
Sibilla de Luxembourg

花的大小

巨大輪	大輪	中輪	小輪	極小輪
15cm以上	9至15cm	5至9cm	3至5cm	3cm以下

花瓣的瓣數

重瓣

20片以上，
100片以上也有。

安部姬玫瑰 Ambridge Rose

半重瓣

10至20片前後。

藍色狂想曲
Rhapsody in Blue

單瓣

基本是5片，
7至8片亦包含在內。

俏麗貝絲Dainty Bess

花型

綠眼睛

退化的花蕊
轉變成綠色。

哈迪夫人 Madame Hardy

杯型

外瓣和內瓣的
大小幾乎相同。

艾瑪漢彌爾頓夫人
Lady Emma Hamilton

波浪瓣

花瓣邊緣如波浪狀
輕柔起伏

新浪 New Wave

劍瓣高芯型

花瓣的前端微尖，
花芯高。

和平 Peace

簇生型

花瓣數多，和外瓣
相比內瓣較小。

夏莉法阿斯瑪
Sharifa Asma

鋸齒瓣

花瓣邊緣有如鋸齒般
凹凸不平整。

鳥羽柔紗玫瑰
Couture Rose Tilia

鈕釦心

中心的小花瓣
形成像鈕釦般的花芯

伊莉莎白修女
Sister Elizabeth

四分簇生型

花芯分成4個以上。

夏爾米路
Charles de Mills

玫瑰的樹形 大致分成三種類型

因為有以改善樹形為目的的育種存在，玫瑰才有今日如此豐富且多樣的樹形。

擁有豐富的樹形 是玫瑰的另一大魅力

玫瑰是種充滿魅力的植物，除了擁有美麗的花朵之外，能持續保持其魅力，其中的一個理由可以說是因為玫瑰樹形的豐富性。

木立樹形，能自行直立；蔓性樹形，可誘引攀附於錐形花架、平面花架、圍籬、拱門花架等結構物上，能創造出有高度或寬度的視覺效果。而處於這兩種樹形中的則是灌木樹形，灌木樹形擁有柔和的氛圍，因此容易與草花或庭院中的樹木等作搭配，也可將枝條延伸當作蔓性玫瑰來利用等，擁有多樣的展現方式可以去變化。

玫瑰會存在著這麼多不同的樹形，功勞來自於具有多種個性化樹形的原生種。另一大功勞則是要歸功於在世界上致力於玫瑰育種的育種家們，它們將原生種交配，去蕪存菁，為創造出更能讓人們玩味欣賞的玫瑰而不停地在努力著。

若提到玫瑰的育種，大家總容易將焦點放在花色、花型、花香，但

蔓性樹形依開花習性不同 樹形也不同

蔓性樹形依照一季開花性和四季開花性（包含重複開花性），樹形有所不同。

一季開花性的品種，並不容易從植株底部就開始分枝，若種植在大型的花盆中，甚至有些品種枝條會延伸5公尺以上。一季開花性的樹形多為：主幹先直立後，柔軟的側枝再向側邊橫向生長的類型，以及如果不作任何誘引工作，會呈匍匐性側向生長的類型。若想要誘引攀附在低矮的圍籬，選擇匍匐性的類型較為合適。

四季開花性的品種，請先記住此類群基本上分成大型的木立樹形及灌木樹形（參照P.94）。植株持續進行分枝並開花，在反覆這樣的過程中，逐漸成長茁壯。

不清楚樹形時，要怎麼辦呢？

如果知道品種名，一查閱書籍或網路馬上就能一清二楚。

但當不知道品種名時，那該怎麼辦呢？此時觀察其生育狀況來作判斷。任何玫瑰在冬季修剪時如果強剪，春天開第一次花時，植株多半是呈現木立樹形，因此真正能知道原本樹形的，並非第一次花，而是觀察從第二次來花之後的樹形。

若是屬於木立樹形，第二次來花時也會是相同姿態，到了秋天雖然樹高增高，但自行直立的木立樹形依然不會有所改變。

而灌木樹形的品種，在第二次來花之後，枝條會柔軟且蓬鬆地呈拋物線伸展，花朵也會微微低頭向下綻放，樹形漸漸成為類似拱門狀，處於介於木立樹形和蔓性樹形中間的姿態。

蔓性樹形則是不停地延伸其枝條，甚至有品種在第一年時就能伸展到3公尺以上。

如上述般，透過在培育中觀察植株與枝條的姿態，就能判斷出該品種是屬於何種樹形。

K.Tamaoki

灌木樹形的太陽和心（The Sun and the Heart・類型2）枝條蓬鬆地橫張外擴，與木立樹形相比，整體的線條給人較為柔和的印象。

蔓性樹形

◎特徵

儘管是盆栽種植，也能有伸展2至3公尺的延伸力，可以誘引攀附在錐形花架、平面花架、圍籬、拱門花架等結構物上，享受立體的視覺美感。若需要細密繁瑣的誘引作業的場所，可利用像蔓延薔薇及英國玫瑰等擁有柔細枝條的品種。HT大輪玫瑰的芽變種等枝條剛直的品種，則較適合不需要過分彎曲枝條的場所。

◎盆栽種植方法

根部的伸展＝枝條的伸展和數量，因此若想要培育出較大的植株，則選擇大型的花盆。依照想培育的植株大小和枝條數量等會有所不同，但基本上10吋以上的花盆是必須的。如果想要覆蓋寬廣面積時，則建議使用12至15吋的花盆。

◎栽培小祕訣

植株較為大型，根部容易乾燥，在夏季時，需注意水分是否欠缺。若枝條數量與長度已經足夠的植株，在梅雨季節時，在植株整體高度約$\frac{3}{4}$至$\frac{1}{2}$處修剪，降低樹高，減少枝葉數，如此較不易出現水分乾枯不足的情況，更易度過炎夏。

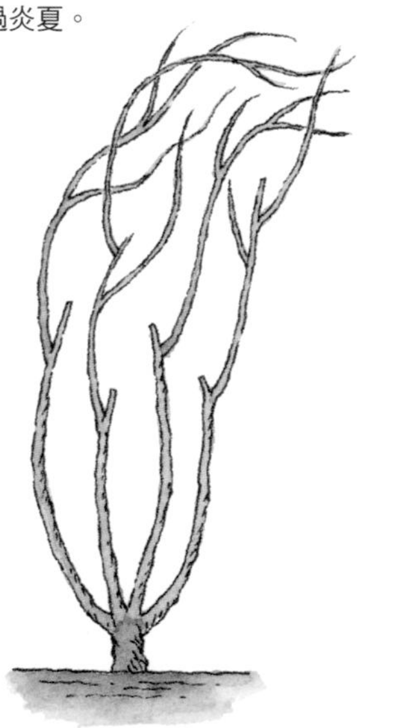

灌木樹形

◎特徵

此樹形有兩種類型：地面朝上生長的枝條，從中途開始會呈拋物線向外橫向擴張的類型；植株基部與木立樹形相同，只有花莖的部分柔軟有彈性的類型。和木立樹形相較，枝幹和枝葉的線條柔和，因此和草花樹木等容易搭配利用，能相互襯托，呈現出自然的氛圍。

◎盆栽種植方法

此類群最理想的觀賞方式，是以它們本身的自然樹形來展現其柔和線條的美感，但能有如此大空間的陽台和露臺並不多見。因此建議可以利用下述方式：修剪時在內芽上方修剪，讓枝條不會向外橫張伸展（參照P.88）；或，不進行強剪，將枝條延伸後，誘引攀附在錐形花架或平面花架等結構物上，塑造出蔓性玫瑰風（參照P.96）。

◎栽培小祕訣

多數品種枝條的壽命長，因此不須特別在意枝條是否更新回春。但是，植株老化後，不容易生長出新的筍芽，為了增加植株底部的枝條，購買後的兩至三年內，將筍芽等修剪促進枝條分枝，盡早塑造出基本的樹形。

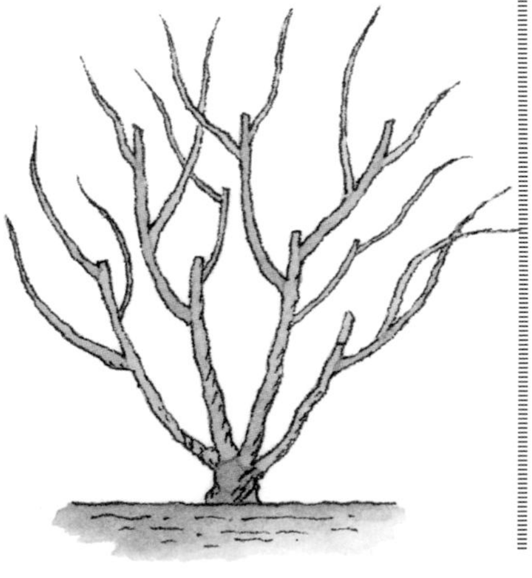

木立樹形

◎特徵

從植株底端開始枝條一齊向上生長，因為自立，多數品種可以栽培成較為小型的植株。此樹形有兩種類型：HT大輪玫瑰般枝條剛直，儘管單獨一株也能有獨特存在感的類型；FL中輪豐花玫瑰般枝條線條柔和，容易與其他植物搭配利用的類型。基本而言，花徑的大小與枝條的粗細是成正比，花徑大的大輪花是枝條剛直結實的木立，中輪花和小輪花則是較為柔軟的木立。

◎盆栽種植方法

玫瑰的多種樹形中最適合以盆栽種植的一種。枝葉的生長不會超出花盆的大小過多，因此也適合小空間的栽培。以6吋左右的小型花盆來栽培管理也是可能的。依照花盆的大小（用土量）和透過修剪等，容易調整並控制植株的大小尺寸。

◎栽培小祕訣

以類型3的玫瑰為主，枝條壽命短的品種甚多，因此從植株底部長出新的筍芽（Shoot）時，若枝條過於雜亂，或有老舊枝條，將其從底部剪除，促進植株更新回春（枝條的更新）。除了部分品種之外，多數品種如果沒有枝條不斷地世代交替，植株將會老化。

真正「四季開花性」的無休眠地區

在台灣等無休眠期地區 一年四季都有美麗的玫瑰

在日本，玫瑰的生長期是3月至11月。依照品種不同會略有不同，但最低溫低於攝氏15度時，新芽幾乎停止生長，準備進入休眠，而在氣溫低於5度時，就開始進入休眠。在休眠期間，因環境和栽培管理的變化所帶來的損傷較少，因此修剪、誘引、換土等均在休眠期中進行。因此到日本賞花千萬不要選在冬季，但如果是想看如何修剪、誘引，此時正是時候。

四季開花性的玫瑰，在溫室維持攝氏15度以上時，就不會進入休眠而會持續終年開花。切花用途的玫瑰就是如此進行管理，因此一整年在市場上都會有切花在流通。

在台灣，冬季氣溫溫暖，玫瑰能持續開花，可稱是真正的四季開花性。如果想進行大整修或將老舊的土換新，建議在氣溫最低的冬季進行，約兩年進行一次。雖然會減少當年冬天的花量，但對植株的負擔最小。

玫瑰的生長週期

例)四季開花性的木立樹形

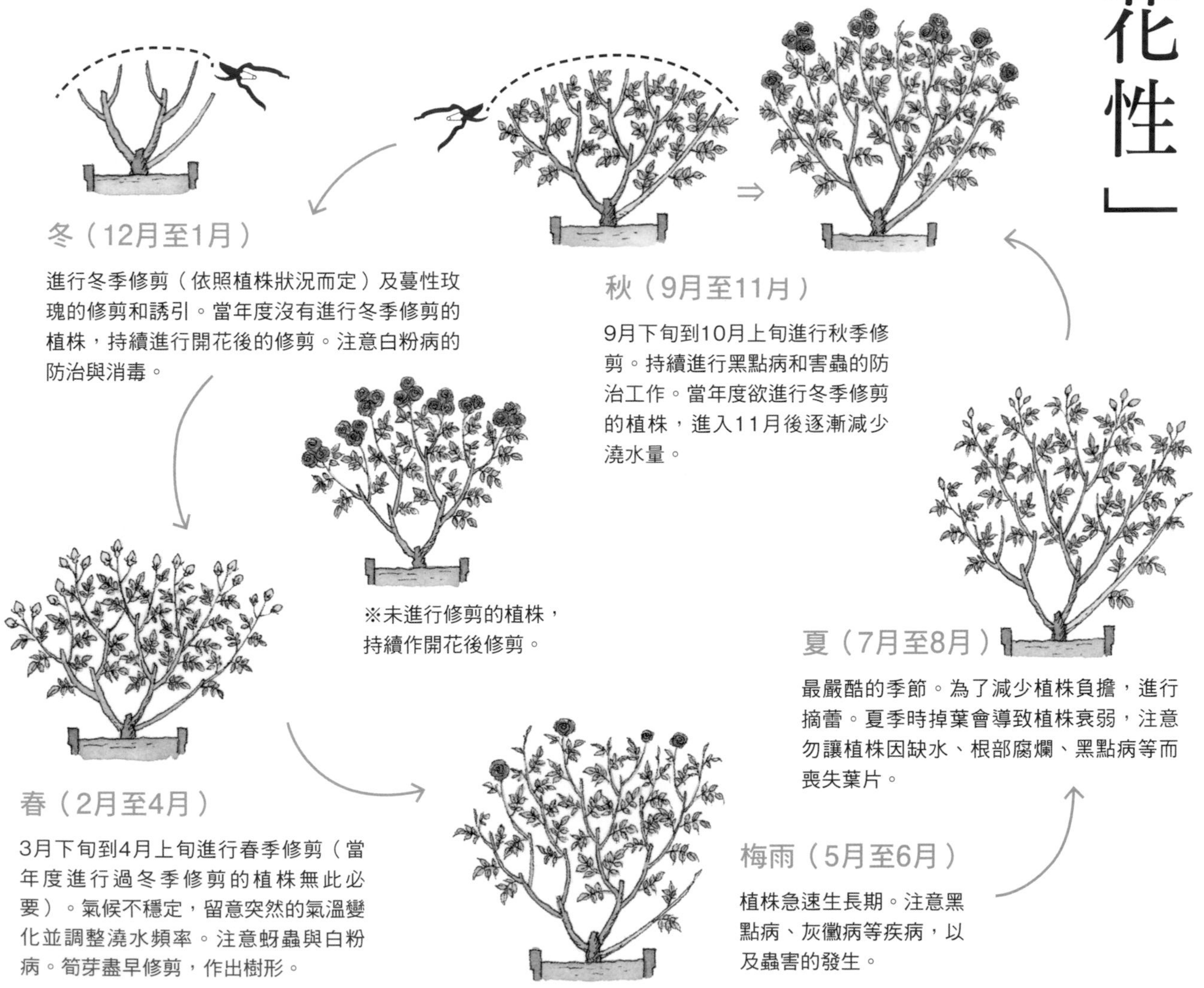
冬（12月至1月）
進行冬季修剪（依照植株狀況而定）及蔓性玫瑰的修剪和誘引。當年度沒有進行冬季修剪的植株，持續進行開花後的修剪。注意白粉病的防治與消毒。
※未進行修剪的植株，持續作開花後修剪。
春（2月至4月）
3月下旬到4月上旬進行春季修剪（當年度進行過冬季修剪的植株無此必要）。氣候不穩定，留意突然的氣溫變化並調整澆水頻率。注意蚜蟲與白粉病。筍芽盡早修剪，作出樹形。
梅雨（5月至6月）
植株急速生長期。注意黑點病、灰黴病等疾病，以及蟲害的發生。
夏（7月至8月）
最嚴酷的季節。為了減少植株負擔，進行摘蕾。夏季時掉葉會導致植株衰弱，注意勿讓植株因缺水、根部腐爛、黑點病等而喪失葉片。
秋（9月至11月）
9月下旬到10月上旬進行秋季修剪。持續進行黑點病和害蟲的防治工作。當年度欲進行冬季修剪的植株，進入11月後逐漸減少澆水量。

Rosa Orientis

誕生於日本的玫瑰

什麼是真正適合日本的玫瑰，什麼樣的玫瑰能表現日本的味道？
什麼又是東洋的玫瑰，而適合亞洲的玫瑰又是什麼？

這些想法，並不是在我剛起步時就清楚知道的。
而是在我以玫瑰為本業，開始立志於育種，
每天與玫瑰共肩，與滿身的泥土、汗水共渡的經年累月中，
才漸漸清晰明顯地看到了我的理想圖。
這些隨著歲月而累積出的想法、夢想，展現出來的就是
我的玫瑰品牌 Rosa Orientis。

我出生於埼玉縣，從日本江戶時代開始就代代相傳的農業世家中。小學一年級，開始幫忙家業，幫忙玫瑰的栽培。而育種的起頭，是在我19歲那一年，同時在那年，我也到了法國Meilland、德國Kordes等著名的玫瑰育種公司進行考察拜訪。

在那時候，仍是HT大輪玫瑰全盛的時代，接著走向慢慢轉變，成了古典玫瑰、英國玫瑰等灌木玫瑰的世界。我相信，今後的世界主流也將會是灌木玫瑰。當時，因為我想要更深入於玫瑰的育種，同時也考慮到育種的未來，所以我深深覺得有必要去理解並掌握灌木玫瑰的性質。

灌木玫瑰，與HT大輪玫瑰和FL中輪豐花玫瑰是完全不同的類型。在高溫多濕的日本等亞洲地區培育時，常常會發生和歐洲不同的生育狀況。木立的玫瑰變成蔓性玫瑰、四季開花性的玫瑰變成一季開花……等，彷彿變身成了不同的品種。在我和灌木玫瑰的性質不斷地苦戰下，我更加深覺，培育出真正適應日本等亞洲環境氣候的玫瑰是絕對必要的。雖然日本玫瑰育種的前輩們，作了相當多的豐功偉業，但那個時代仍是屬於HT大輪玫瑰的時代，也因此對於灌木玫瑰的育種，並沒有被多加著墨。

將灌木玫瑰加入到育種的素材中，培育出適合日本的氣候、栽培環境，以及符合愛好家們喜好的玫瑰，基於這樣的育種想法，Rosa Orientis誕生了。

我深許我培育出的玫瑰、我的品牌，能成為一座連接的橋樑，連接日本和亞洲間的橋梁，而將這豐富美麗繼續傳達出去。而2014年我實現了這個願望，以中文名「羅莎歐麗」正式在台灣及日本之外的亞洲地區介紹我的玫瑰。

我將更加努力，我願我育種出的玫瑰能成為連接世代的線。
我將更加努力，我期許我育出的玫瑰能帶給人們喜悅與安慰。
超越時代，超越距離，這就是我的夢。

我深信，21世紀是亞洲的玫瑰在世界上開花的世紀。
Rosa Orientis 是日本玫瑰的全新挑戰。

Rose Creator
木村卓功

羅莎歐麗 Rosa Orientis

「Rosa Orientis」拉丁文的原意是「東洋的玫瑰」。目標是要育種出，擁有愛好家們喜愛的花形與花香，在高溫多濕的環境中，依然能強健旺盛生長，在炎熱夏季也能開出美麗有看頭的花朵，具有耐暑性、耐病性，且有新穎性的四季開花性灌木玫瑰。並且盡最大的可能，賦予玫瑰魅力的花朵與香氣。讓花朵在綻放時，能帶給人們喜悅鼓動的心情，同時又能撫慰人心。

2014年開始以中文名「羅莎歐麗」在亞洲地區發表推廣。2016年在玫瑰的故鄉法國發表上市。在本書中所介紹的羅莎歐麗品種有：P.15帕里斯、P. 18.85.123雪拉莎德、P. 18.75守護家園、P.19藍色天空、P.26冒險家、P.32天之羽衣、P.33 琉璃、P.33新綠、P.34大鍵琴、P.39 拿鐵藝術、P.40綠色大地。

育種場。每年平均播下5萬顆的種子。

試驗場。花費4至10年的時間進行品種的試驗、選拔，每年平均在日本發表5品種。

第3章

不可不知的栽培基本知識

要讓玫瑰美麗綻放的祕訣就在於——澆水、放置的場所、肥料等進行適當妥善的管理，並讓根部和葉片能持續健康生長。此外，在適當時期裡，依循要領進行修剪和誘引，就能展現出樹形的美感，並讓花量增加，讓開花時期一致。

（備註）為使內容更清楚易懂，插圖等部分將省略葉片的數量及刺等。

安部姬玫瑰（Ambridge Rose・類型2）
H.Ukai

健康的根部能讓花朵美麗綻放

花朵、枝葉、根部的質與量是畫成等號的

要讓玫瑰能綻放出漂亮的花，肥料、修剪、疾病與害蟲的預防等栽培工作是必須要進行的，但在這之前，有個更重要且不得不認真進行的工作就是——讓根部能健康地生長。

根部、枝葉、花朵的關係是相等且息息相關的。也就是說，想要讓玫瑰開出大量的花，就必須要有相同程度質與量的枝葉，而要生長出這些枝葉，就必須先讓健康的根部能結實地向下扎根。

不僅玫瑰，所有的植物都是透過根部吸取水分和肥料，並將其送到枝葉，由葉片進行光合作用，所得到的養分再送至根部。因為彼此間有著如此密不可分的相互關係，所以要讓玫瑰美麗綻放，首先就先從製造能讓根部無壓力、健康生長的環境來著手。

如果根部有元氣枝葉就能順利地生長

讓粗又結實的根，能延展並扎根固然重要，但其實給予植株元氣精力的是，根部前端處細且柔軟的細根。細根的先端旺盛地生長，並不斷進行細胞分裂，是根部的成長點。

當盆栽中的生長環境優良，且細根充滿活力地生長時，根部會呈現白色且相當有生命力的健康色澤和質感。相反地，若肥料濃度過高、根部糾結纏繞、土壤通氣性和排水性不佳時，根部就無法健全生長，先端會呈現黑色，甚至出現腐爛的狀況。

若根部不停旺盛地成長時，枝葉也會生氣蓬勃，而結實健康的枝條自然就會開出漂亮的花。牢記並實踐下述五個栽培祕訣，讓根部充滿活力地生長，就是盆栽種植時最重要的工作。

×

會損傷根部的三個原因

1 澆水過多

土壤若常保持在潮濕狀態時，會使通氣性惡化，根部無法呼吸，而造成根部腐爛，有時甚至導致植株枯萎。

2 缺水

在炎熱的盛夏時若缺乏水分，有時甚至才一天就能使植株枯萎。輕度的缺水情況反覆發生時，會給根部造成負擔、堆積壓力，無法健全地生長。

3 肥料施給過多

肥料用量較少時並不會造成根部損傷，但是當肥料施給過多時，會阻礙根部生長。

○

培育出健康根部的栽培祕訣

1. 種植於通氣性、排水性優良的土壤中。
2. 選擇尺寸適當的花盆。
3. 讓植株照射充足的陽光，進行充分的光合作用。
4. 適度調整澆水頻率，讓土壤有「有時乾、有時濕」的反覆循環（參照P.66）。
5. 肥料不要施給過多。

到前端都是白色的健康細根。

優質的土壤 能讓根部健康生長

玫瑰的根部相當喜歡空氣 土壤的通氣性是第一要項

玫瑰喜歡通氣性佳的土壤，含有適量的堆肥和腐葉土等有機物質在其中，重量較重的土壤。

玫瑰的根部是相當喜愛空氣的。在日本、台灣等容易濕度高的地區，土壤的通氣性尤其重要。此外，土壤中含有的堆肥和腐葉土，能提供促進玫瑰生長的腐植質和微量要素，並使保肥度變好，也能成為有益微生物的棲地等。如同前述般，當土壤的環境優良時，根部對天候、肥料的變化等適應力自然就會變強，最終就能培育出強壯的玫瑰。

我推薦的土壤是，充分加入赤玉土等基本用土（理想含量是五成以上）的土壤，不僅通氣性、排水性優良，也有適度的重量。特別是盆栽種植時，盆栽容易因風而傾倒，因此重量是相當重要的。

相對地，泥炭土和堆肥等為主要成分的土壤，雖然質量輕，作業時較為輕鬆，但在日本、台灣等高溫多濕的環境中，容易通風不良，熱氣難以蒸散，一旦乾燥後要讓水分重新滲透並不容易，因此並不利於玫瑰的生長。

同時也要留意用土的pH值

儘管土壤中的環境變佳，但若pH值（土壤酸鹼值）過高或過低，都不適宜植物的生長。玫瑰的情況，以pH值6.5左右的弱酸性土壤最為理想。pH值的酸鹼平衡不良時，會使生長狀況惡化，甚至會出現枯死的情況。因此自己調配培養土時，也請測量pH值，並加以調整。

基本上肥料都屬於酸性，因此當持續進行施肥後，土壤也會漸漸偏向酸性。尤其經常且持續使用化學肥料或兩年以上不更換用土的情況，建議在設計土壤配方時，先設定pH值為大約7，再漸漸變化成弱酸性的土壤最為妥當。

加入了足夠含量的粒狀基本用土的市售玫瑰專用培養土。

市售的玫瑰專用培養土

此類市售的用土，pH值或基肥等都已經過設計與調整，因此初學者也能安心使用。依照製造廠商的不同，使用的素材和配方也各有不同。如果是泥炭土或堆肥等含量多、重量較輕的土壤，可再自行添加三成左右的赤玉土，如此經過改良後會更適合玫瑰的生長。但若使用點滴式自動澆水器（參照P.114）的情況，泥炭土含量多的土壤較為合適。每種植物各有適合的素材和用土配方，因此建議挑選使用玫瑰的專用培養土。

市售的玫瑰專用培養土
各個製造廠商有不同的特點，挑選時選擇符合自己需求的用土。

成分中含有大量泥炭土等較輕的培養土，容易乾燥缺水，且盆栽易傾倒、穩定性不良，因此建議在土壤中加入約三成左右小粒或中粒的赤玉土，並充分攪拌混合，如此將更適合玫瑰的生長。

【如何調配自創的培養土】

1

準備赤玉土小粒六至七成、牛糞堆肥二至三成、腐葉土一至二成等素材。

2

以移植鏝等將各個素材充分混合攪拌。

3

利用酸鹼度測定器（圖片）或酸鹼度試紙來測pH值。偏酸性時可利用苦土石灰作調整。再加入規定用量的基肥，混合攪拌後即告完成。

自創的玫瑰培養土

以收集來的素材和設計配方，調配出的培養土，優點是可依照想培育的玫瑰類型或花盆材質等，自行調整配方的比例。但因素材的品質參差不齊，考驗著分辨素材好壞的能力。此外，在調配培養土時，請務必一定要混入適量的基肥（參照P.67）並調整pH值。

【三大基本素材】

赤玉土小粒

基本用土。有適度重量，且通氣性、排水性、保水性、保肥性等皆優良。土壤的顆粒若鬆散時，容易導致通氣性變差，在挑選時要選擇顆粒結實且硬者。

堆肥

用來加入基本用土中，可改善保水性及保肥性的素材。含有微量的養分。牛糞堆肥較容易取得。挑選時需慎選完全腐熟的堆肥，否則容易造成根部損傷。

腐葉土

使落葉腐化分解後所得到的素材。加入基本用土中，可改善通氣性及排水性。仍殘留著葉片形狀等未腐化完全的腐葉土，容易使根部損傷，挑選時要謹慎。

依照玫瑰類型＆花盆材質改變不同的調配配方

若能依照玫瑰的類型（參照P.10至P.11）及花盆的材質（參照P.63），將配方進行微量調整，根部生長狀況會更加穩定順利。

- 通氣性佳的花盆（素燒盆、側面有通氣孔的塑膠盆等）⇒堆肥的含量較多的保水性佳的用土。
- 通氣性不佳的花盆（玻璃纖維樹脂盆、塑膠盆、樹脂盆等）⇒基本用土、腐葉土的含量較多的排水性佳的用土。

類型4	類型2&3	類型1
赤玉土小粒7：堆肥2：腐葉土1	赤玉土小粒6：堆肥3：腐葉土1	赤玉土小粒6：堆肥2：腐葉土2
根部的成長力弱，無法大量吸取水分，因此調配時增加基本用土的用量，使其通氣性變好且容易乾燥。並將堆肥的用量減少。	四季開花性強的品種甚多，讓花盛開需要有足夠的能量養分，因此調整時將堆肥含量稍微增多，調配出能長期有力的用土。	若堆肥成分過多，雖可短期間使其生長，但容易使白粉病發生，且植株生長不夠結實。調整時將堆肥含量稍微減少，使玫瑰逐步地成長為佳。

適合玫瑰生長的花盆

選擇比購買的花苗尺寸更大2吋的花盆

一般選擇花盆時，目光的焦點往往會集中在設計感、形狀、顏色等，但是要希望根部健全生長且能開出漂亮的花，選擇通氣性及排水性優良，並且符合植株大小尺寸的花盆，更是重要的關鍵。

以購買了6吋盆大小的花苗為例來作說明，當第一次的增換盆（參照P.110）時，要選擇比購買當時更大2吋的花盆（8吋盆）。若一口氣就移植至10吋盆以上的大型花盆中，除非那是通氣性極為良好的花盆，或該植株是樹勢相當強的品種，否則一般而言，土壤往往不容易變乾。玫瑰的根部如果長期都處於潮濕的環境中，容易腐爛，使玫瑰無法健全生長。

無論是有開著花的大苗或3.5至4吋小盆的新苗，基本的原則就是，挑選比購買的花苗尺寸更大2吋的花盆。

花盆的形狀，圓形或方形都適宜，但四角的方形花盆，較不容易因強風等而傾倒，穩定性較好。

至於花盆的高度，玫瑰是向下伸展紮根的植物，因此建議在挑選時，不要選擇寬幅寬且深度淺的花盆，而是要挑選高度與盆口寬度相同，或高度比盆口寬度更深的深型花盆。種植草花或蔬菜用的橫長形的花盆並不適合用於玫瑰栽培。

留意盆底排水孔的數量和通氣孔

玫瑰的根部喜歡通氣性和排水性良好的環境，因此挑選花盆時，也要翻過來確認盆底。盆底的排水孔數量多，或盆底中央為不直接接觸地面有刻意增高等的花盆，通氣性和排水性都較為優良。

此外，如果塑膠或樹脂材質等花盆的側面，也有排水縫或通氣孔（參照P.63），空氣的流通將會更加良好，更為理想。

尺寸大小

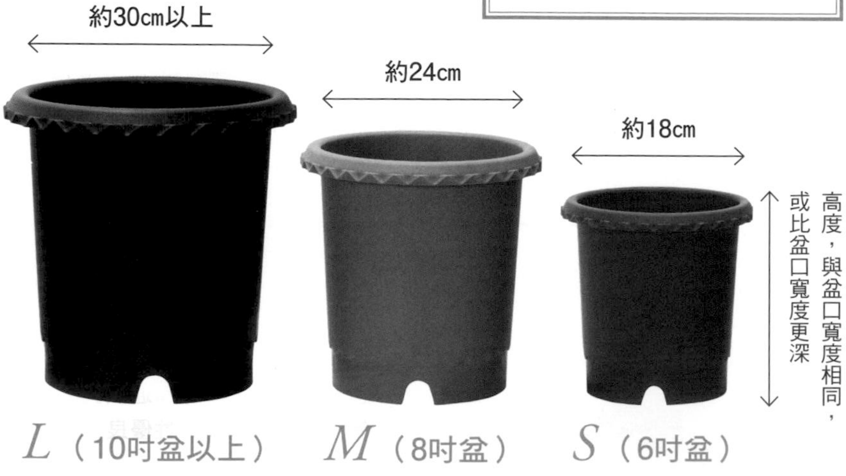

花盆的大小1吋（台吋）＝直徑3.03cm，因此6吋盆的直徑約18cm。增換盆時選擇比原尺寸各大2吋的花盆，以6吋、8吋、10吋類推。若是希望植株不要變大，則維持原花盆的尺寸，只更換新的用土（參照P.98）。

從6吋盆增換至8吋盆、10吋盆後的木立樹形的冰山（Iceberg 類型2）。使用的是玻璃纖維樹脂花盆。帶有素燒盆般雅緻氛圍的花盆，相當能襯托出白花的優美。

材質

依照花盆的材質不同，通氣性和排水性的好壞也有差異。掌握各材質的特徵，選擇最符合自己理想與需求的花盆。

玻璃纖維樹脂

材質中混和了玻璃纖維與土，自然時尚的風格相當受歡迎。質地堅固且耐寒性佳，重量較素燒盆輕。但表面和盆底的通氣性並不甚優良，因此使用時在盆底鋪上大粒的赤玉土等，以確保盆底的通氣性及排水性。

樹脂

基本上與塑膠花盆相同。材質為樹脂，因此價格較塑膠略高，但因質感佳，可直接裝飾在玄關等場所。使用時在盆底鋪上大粒的赤玉土等，以確保盆底的通氣性及排水性。不容易因傾倒或寒冷而損壞。重量輕，作業上較為輕鬆且容易。

素燒（紅土）

空氣可以從花盆的表面流通，因此適合用於玫瑰栽培，但相對的，酷暑時土壤容易乾燥。為預防發生乾燥缺水的情況，可選擇較大尺寸的花盆。缺點是重量重，在搬運和作業上並不輕鬆，且因移動或傾倒、冬季結凍等，可能會出現破裂損壞的情形。

塑膠

塑膠原本是屬於通氣性不佳的材質，但因設計上的日益進化，盆底及側面增加了可改善通氣性和排水性的構造。在酷暑時不容易乾燥缺水，也不容易因傾倒或結凍而損壞。重量輕，作業時輕鬆容易，且價格便宜。但因外型不甚美觀，可再多加一層素燒盆等，即可改善外觀問題。

盆底

排水孔多的花盆、底部有增高的花盆、側面有排水縫和通氣孔的花盆等，通氣性和排水性優良。而盆底排水孔少的花盆，可在底部先鋪上大粒的赤玉土等，高度約3公分，之後再進行移植。

排水孔少的花盆
↓
通氣性・排水性×

側面有排水縫和通氣孔的花盆
↓
通氣性・排水性◎

排水孔多的花盆
底部有增高的花盆
↓
通氣性・排水性◎

上午的太陽光能讓玫瑰健康成長

在充足的陽光照射下充分進行光合作用

考慮盆植玫瑰的放置場所時，最重要的要素就是日照。尤其是上午的陽光，因為光合作用在此時段最為活躍。雖然有部分品種即使是半日照也能健全生長，但基本上要盡可能將玫瑰放置於有充足日照的場所。

關於放置的方位，因為住宅環境的限制等，我們不太能夠隨心去選擇，但理想的方位是，容易照射到早晨陽光的東側至南側。北側容易日照不足，而西側是從下午才有陽光，因此容易導致枝條徒長，此外，冬季的西風也容易使植株損傷。

若是兩個以上的盆栽放置於同一場所，為了不讓植株互相妨礙光合作用的進行，因此盡量不使鄰近植株的枝葉相互重疊，或低矮的植株處於高度高的植株的陰影中。從太陽的方位來看，最前方放置低矮小型的植株，高度高的盆栽或植株大型的品種，則放置在最後方，以此類推，將盆栽放置於太陽可照射到的場所。

而像類型4等樹勢弱、對黑點病抗病性弱的品種，則建議放置於不會淋雨的場所，或透明的屋簷下。但是，沒有雨水的場所容易發生葉蟎類的蟲害，平日要細心留意。

依照植株的大小保留適當的空間

依照各類型、樹形等的大小，保留適當且足夠的栽培空間也是相當重要的。植株小型S的玫瑰約30平方公分，中型M約50平方公分，大型L約1平方公尺（參照第1章）。

此外，儘管是同一個品種，透過改變花盆的尺寸大小，就可以控制植株生長的體積大小。例如若想要誘引覆蓋住圍籬或拱門花架等大面積時，就種植於大型的花盆中，並為它準備較大的栽培空間。

K.Tamaoki

在擺放多數的盆栽時，盡量不使鄰近植株的枝葉相互重疊，並盡可能讓所有的植株都能照射到充足的陽光。同時也要留下澆水或噴灑藥劑等工作時的通道，以方便作業。

擺放位置

將高度低矮的盆栽或植株小型的品種，放置最前方，依高度順序擺放，就能讓每一株都充分照射到陽光。

以盆栽種植的一項優點是，可以將正在盛開的植株擺放到更容易觀賞的位置。圖中是新娘（La Mariée 類型3）。

善加利用腳架

如果東側或南側有圍牆或圍籬的屏障，陽光無法充分照射時，可利用腳架，將盆栽架高到陽光可直接照射的高度，如此對玫瑰的生長更為有益。除此之外還有，盆栽較不容易傾倒，盆底的通氣性，通風更加良好等優點。市售的腳架，針對玫瑰栽培經常使用的8吋盆、10吋盆，有多樣材質、設計、高度，若能善加利用就更能克服環境上的不良條件。

利用腳架作出高低差，不僅在有限的空間中，能確保採光和通風，也能製造活潑有動感的視覺效果。

栽培空間

依照各類型、品種的植株大小，選擇適當的花盆尺寸，並保留足夠的栽培空間。

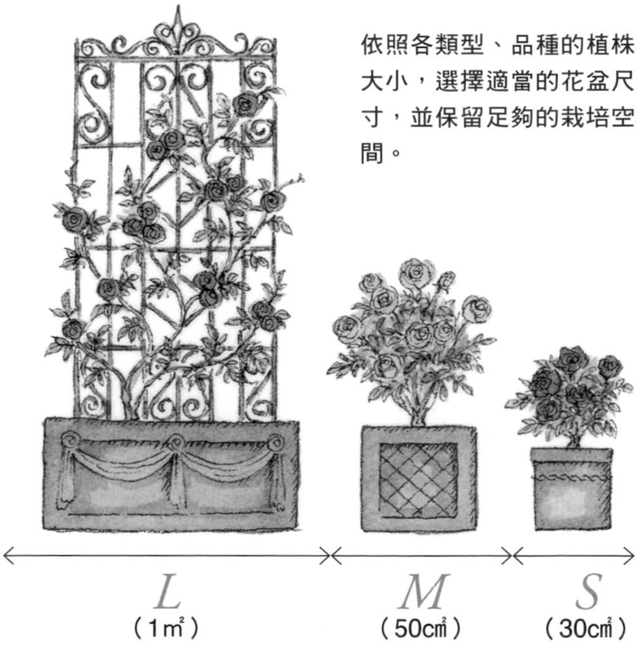

澆水的基本守則「有時濕、有時乾」

在乾·溼的反覆循環中 根部扎實地伸展

玫瑰的根部，因為處在土壤「有時濕、有時乾」的環境中，會感到輕微的壓力，為了想要吸取到更多水分，而努力生長出新的細根。

盆栽種植時，當用土變乾燥之後，才給予大量且足夠的水分，讓盆內的土壤環境保持「有時乾、有時濕」的狀態，在這樣的反覆循環下，根部就會更加伸長並向下紮根。

當土壤還沒有變乾前就澆水，讓根部時常處於潮濕的環境中，會導致根部腐爛。相對的，若是土壤長期過於乾燥，則會使植株因缺水而枯萎。因此澆水要在根部尚未感到如此大的壓力之前進行。

充足的水量 讓水分作新舊交替

澆水時的要點是，要施給大量的水，要足以將盆內的舊水完全替換。如果只是輕微澆水，水量不足以滲透至用土整體，舊的水和熱氣會悶在土壤中，反而造成根部的損傷。

另一個要點是，利用裝有蓮蓬頭狀噴嘴的澆水壺，在植株的基部輕緩地澆水，並盡可能不要灑水在葉片上。原因是，如果灑水在葉片上，陰天時容易使黑點病的病症發生。澆水時如果沒有蓮蓬頭狀噴嘴的澆水壺或水管等，水勢過強，容易因水壓而使土壤崩散，或變硬，導致根部無法健全生長。

最適合澆水的時段是，光合作用活動最熱絡的上午。若是在傍晚澆水，因為在沒有陽光的狀態中補充水分，容易培育出軟弱的植株。此外，如果平日沒有澆水的時間，建議可利用點滴式自動澆水器（參照P.114）。

無法判斷乾燥時要怎麼處理？

先從土壤的顏色來判別。潮濕的土壤是深茶色，而乾燥的土壤是明亮的茶色。但有時因為強風等狀況，變乾的只是土壤的表面，內側卻仍是十分潮濕。土壤的內側是否也已經變乾燥，可依下述的方法來判斷。

觀察花或新芽是否低垂

水分不足時，症狀會出現在枝葉的最前端。花或新芽開始低垂無元氣時，即是澆水時機。

輕舉盆栽來確認重量

土壤乾燥時的重量與潮溼時的重量並不相同。將盆栽輕舉起來，以重量來判斷乾濕狀況。

以手指來確認潮濕度

將手指插入土壤中，確認土壤內的乾濕狀況。大型的盆栽可以竹筷進行確認。

利用裝有蓮蓬頭狀噴嘴的澆水壺澆水，且水量要充足，足夠讓餘水從盆底流出為止。此外，移植時，在土壤表面到盆口邊緣間，保留3至4cm左右的盛水空間（參照P.101），也是相當重要的。如果沒有盛水空間，土壤容易隨著澆水時而流失，而且水分無法平均並充分地滲透至整體。

以緩效性的肥料慢慢地培育玫瑰

在定植時加入基肥 生長期時施給追肥

所謂基肥，玫瑰移植到花盆前，在土壤中先混入緩效性的肥料，目的是要為了達到長期、緩速但確實的效果。

但只有基肥並無法提供玫瑰一整年所需的養分。肥料不足，不易生長出有活力的芽，枝葉的生長狀況也會不佳，葉片顏色變差導致無法充分進行光合作用等，而使花量和花瓣數減少，原本該有的花色和花型無法充分表現。

因此，在玫瑰的生長期時要施加追肥。加入追肥的時機等，依照肥料商品的不同各有區別，施給時要遵照包裝上所標示的規定使用量和次數等來進行。為了避免忘記施肥，建議可在每個月的月初，當每換一張新月曆的同時，施給一個月一次型的緩效性固體肥料。

過多的肥料造成反效果 反而培育出軟弱的植株

玫瑰與人類相同，吃太多味道過重的食物且不停吃下肚時，結果就吃壞肚子；玫瑰也會因為肥料用量過多，而出現不適的症狀，例如：生長出不夠結實的軟弱枝葉，導致白粉病和蚜蟲等病蟲害容易發生，或阻礙根部生長，植株甚至在短期間內就迅速枯萎等。緩效性肥料，較不會因為用量稍微多或稍微少就造成如此大的影響。但速效性的肥料，卻容易因為使用倍數或用量的錯誤等，輕易使植株枯萎。

因此，在玫瑰的栽培上，需要的心理建設就是，不因短期的成長狀況就歡喜或沮喪，而是要將眼光放遠，雖然成長速度慢，但能保持穩定且不停向上延伸的生長曲線。

如何善加運用有機肥料與化學肥料

如果希望類型1、2、4的玫瑰能穩定生長成結實的植株，建議使用有機肥料。雖然效果不是馬上見效，但卻能培育出葉片厚，即使因疾病而掉葉也能迅速長出新芽，有自我回復力的植株。而且枝條木質化變得更加堅固，對颱風等惡劣天候的耐性也能增強。

類型3有多數品種類似於HT大輪玫瑰，枝條的壽命短（平均三至四年），因此建議使用效果迅速見效的化學肥料，讓新的枝條（筍芽）生長旺盛，能持續進行枝條的更新回春。但是，持續使用化學肥料，雖然成長速度快，但相對的也容易老化，因此若能與有機肥料交替使用，更能培育出長期可欣賞的玫瑰。關於如何依照類型不同，進行有機肥料與化學肥料的使用、肥料管理等，請參照P.76至P.79的栽培月曆。

化學肥料

將化學肥料合成後得來的肥料。和有機肥料相比，效果產生較快，因此希望植株成長速度快時，建議使用。但缺點是，若施給過多容易導致白粉病發生，且加快植株的老化。建議選擇固體類型，並且挑選三要素盡可能等量（接近N-P-K=3-3-3等）的玫瑰專用化學肥料。

有機肥料

由動植物所得來的肥料。和化學肥料相比，效果產生較慢，但氮（N）、磷（P）、鉀（K）三要素之外，還含有豐富的微量要素，能在土壤中增加有用微生物。建議選擇放置於土壤上的固體類型，並且挑選三要素盡可能等量（接近N-P-K=3-3-3等）的玫瑰專用有機肥料。

先掌握修剪的3大基本及種類

利用修剪來調整樹高和開花期

修剪分為開花後修剪（修剪殘花）、春・秋季修剪、冬季修剪等，共3種。不進行修剪，樹高會不停往上增高，並且在觀賞不到的位置開花，減少了欣賞價值。

開花後修剪是在花朵結束後進行，修剪時下刀的位置是，開完的花朵到原枝幹，這段花莖的中間處，修剪後新的芽和花較容易生長出來。

秋季修剪並非一定要進行，但四季開花性的玫瑰，在高溫多濕的日本、台灣等地區，即使是同一個品種植株的高度也會較歐美來得高，要抬頭才能從下方欣賞到花朵。因此透過秋季修剪將樹高降低，調整樹高到容易觀賞的視線高度處。同時也能調整開花時期，讓玫瑰能一齊美麗綻放。

而進行春季修剪的目的是，在即將到來的高溫多濕的氣候環境中，若枝葉交錯紊亂容易導致病蟲害發生，因此將過於茂密且雜亂的枝條及老舊枝條作修剪和整理，使枝葉間的通風變好，並再次降低樹高。此外，若當年已進行過冬季修剪的植株，就沒有進行春季修剪作業的必要。

最後是冬季修剪。利用一年中氣溫最低的時期，進行冬季修剪，重新修整出漂亮的樹形。且因為枝條變短，新的基部筍芽較容易生長，有促進枝條的更新回春和防止植株老化的優點。此外，冬季修剪並非每年一定要進行，而是依照植株的狀況作判斷（參照P.70），建議至少兩年一次進行冬季修剪作業。

讓玫瑰能美麗綻放的春・秋季修剪。

粗大的枝條利用鋸子

將老舊枝條從基部切除，使枝條進行更新回春時，難以使用修剪用剪刀剪除的粗大枯枝，可以利用鋸子較為便利。建議選擇刀刃前端細，能穿梭進入到枝條與枝條中間，且重量輕的小型折疊式短鋸。

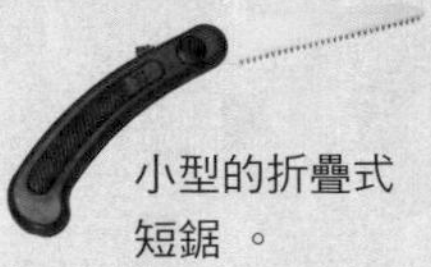

小型的折疊式短鋸。

類型3的HT大輪玫瑰，枝條壽命短的品種甚多。如果結實且年輕的枝條已經有三至四枝，即可將沒有活力的舊枝從基部切除，讓枝條更新。

修剪用剪刀的使用方式

挑選修剪用的園藝剪刀時，選擇符合自己手的大小和重量的剪刀。修剪的時候，注意刀刃的方向，如下圖右，上刀刃在留下的枝條端，下刀刃在剪除的枝條端，如此較不易使枝條受損，斷面漂亮。

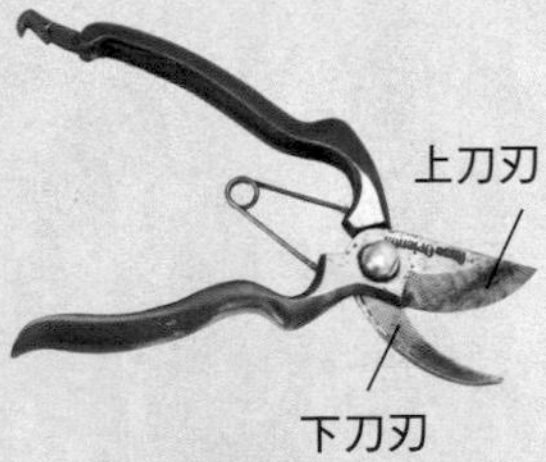

✕ 下刀刃在留下的枝條端，會將枝條壓扁，使枝條受損。

○ 上刀刃在留下的枝條端，能不損害枝條，漂亮地剪下。

修剪的三大基本要訣

春・秋季修剪和冬季修剪時，若依照此三大基本要訣進行，就能塑造出符合自己理想的樹形，並且讓玫瑰漂亮盛開。

1

依照花徑大小 決定修剪枝幹的粗細

大輪的玫瑰，沒有粗壯的枝條就無法開出夠大的花，或不生長出新的花芽。相反的，小輪的玫瑰，即使是細枝條也能開花。因此，依花徑的大小，改變修剪枝幹的粗細。

【大輪】深剪至鉛筆粗細（直徑8㎜至1㎝）的枝條處。

【中輪】修剪至竹筷子般粗細（直徑5至6㎜）的枝條處。

【小輪】淺修在比牙籤略粗（直徑3至4㎜）的枝條處。

2

芽上端5㎜至1㎝處 水平橫切

剪刀下刀的位置為芽（葉片的基部）的上端5㎜至1㎝處，原則上枝幹直徑若5㎜，就在芽上端5㎜處下刀，若直徑1㎝寬，就在芽上端1㎝處下刀，以此類推。以鋒利的剪刀，水平橫切。玫瑰將水分吸取上來時，只能送達至葉片的基部，故修剪時若離葉片基部上端太遠，水分無法送達，容易造成乾枯。

以鋒利的修剪用剪刀，水平橫切。水平橫向下刀的優點是，切口的剖面表面積小，較不容易乾燥，雜菌較不易進入，好的芽較易生長，且作業效率也會提高。若是斜向下刀時，反而容易剪過深。

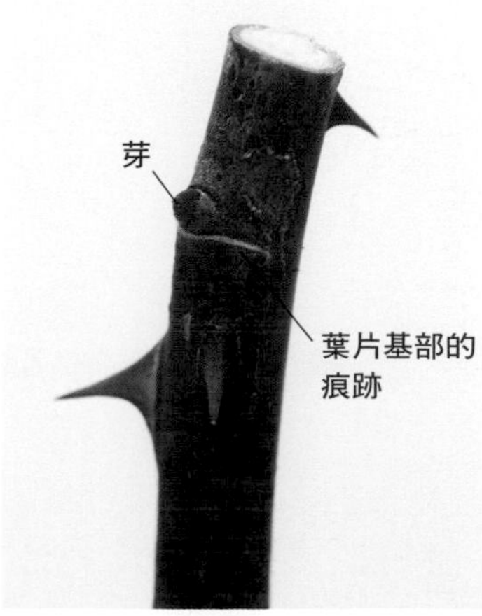

3

依照想要塑造的樹形 選擇芽的方向

朝植株內側生長的芽稱為「內芽」，朝植株外側生長的芽稱為「外芽」。若想要塑造橫向外張茂盛的樹形，就積極選擇外芽。若想要塑造不占空間較小型的樹形，則選擇內芽。巧妙地運用內外芽的生長性質，就能塑造自己所想要的理想樹形。

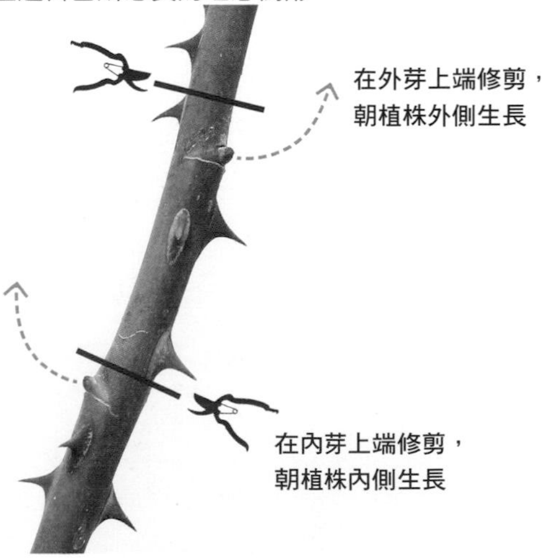

冬季修剪

⇒參照P.86至P.89

◎時期

12月至1月（依照植株狀況進行）。

◎目的・效果

冬季雖然正是玫瑰的盛開觀賞期，但以氣溫和長遠角度來看，12月至1月進行冬季修剪作業最為合適。此外，冬季修剪並非每年一定要進行，而是依照植株個別狀況，但建議至少2年需要一次。

進行冬季修剪的目的是，將已經雜亂不漂亮的樹形重新塑造，降低植株樹高，讓養分集中在植株基部，可誘發新的基部筍芽生長，促進植株更新回春，和減緩植株老化。

◎修剪的訣竅

依照樹形和系統的不同，會有所不同，但大體而言在整體高度的⅓至½處修剪。

當年度預定進行冬季修剪的植株，從11月開始，留意澆水的次數，將澆水的間隔慢慢地拉長，水量也漸漸減少。此舉是因為若依照平時的澆水習慣持續澆水，修剪時養分容易從切口處蒸散。但水分一下減少過多，容易造成根部損傷，減少水分的同時也要持續觀察植株狀況。修剪過後勿馬上施給肥料，須等新芽伸展約2至3㎝後才開始進行追肥。

在整體高度的⅓至½處修剪。修剪後將剩餘的葉片拔除，如此可減少病蟲害的殘留，並減輕植株負擔。

春・秋季修剪

⇒參照P.80至P.83

◎時期

春季修剪　3月下旬至4月上旬。
秋季修剪　9月下旬至10月上旬。

◎目的・效果

四季開花性的玫瑰進行春季與秋季的修剪。目的是，降低植株的樹高，讓花朵在容易觀賞的視線高度處綻放，並且調整開花時期，讓玫瑰能同時一齊盛開。降低樹高也可減少颱風或強風等帶來的損害。修剪的同時，整理過於雜亂的枝條，並將老舊枝條切除，讓枝葉間的通風變好，可降低病蟲害的發生。

◎修剪的訣竅

依照樹形和系統的不同，會有所不同，但大體而言在整體高度的¾至⅔處修剪。

秋季修剪若過早進行，因氣溫依然偏高，花瓣數減少或花朵應有的特性無法展現，因此要在適當時期進行。此外要留意修剪強度，因氣溫仍然高，為不減低樹勢，修剪時淺修即可。修剪時依照該品種花徑大小，在適當粗細的枝條處下刀，此點春・秋季修剪相同。春季修剪的強度與秋季修剪相同，淺修即可。此外，若當年已進行過冬季修剪的植株，就沒有進行春季修剪作業的必要。

在整體高度的¾至⅔處修剪。

開花後修剪

⇒參照P.106

◎時期

秋季修剪後至隔年6月。

◎目的・效果

一季開花性、四季開花性的品種皆於花朵開花結束後進行。將開花結束後的花朵剪除，新的花芽較容易從緊鄰切口下端的芽點生長出來。如果沒有進行開花後修剪，將殘花繼續留著，容易結出果實（玫瑰果）使樹勢減弱，或不容易開出新的花，不長出新的枝葉等。尤其是根部量被侷限的盆栽種植，建議除了野生種之外，不要讓植株結出果實較為妥當。

◎修剪的訣竅

在花瓣凋落後，或花已經沒有觀賞價值時，在花莖的中間處，並在大的葉片（五片葉或七片葉。參照P.51）基部的上端5㎜至1㎝處水平橫切。若欲剪下作為切花裝飾時亦同，花朵打開三分至五分程度時，以同樣方式進行修剪。

開完的花朵到原枝幹，在這段花莖的中間處，選擇結實健康的葉片，在葉片基部上端水平橫切。

誘引——讓蔓性玫瑰更添美麗風采

將枝條彎曲　發揮玫瑰的開花潛力

蔓性樹形玫瑰的誘引作業在每年的12月進行。灌木樹形若想要塑造成像蔓性玫瑰般時，也是需要進行誘引工作。木立樹形就無此必要。

玫瑰有所謂「頂芽優勢」（參照P.72）的習性，養分集中送至位置高的枝條，再從該枝條的高的位置延伸出下個新芽。因此，如果蔓性玫瑰不進行誘引，花只會在高的位置上開花而已。

要讓花漂亮地開滿整個錐形花架、平面花架或拱門花架，將枝條朝斜上方至水平進行誘引，破壞頂芽優勢，讓養分平均分送至所有枝條。透過誘引，小輪的玫瑰能開滿整個枝條，中輪至大輪的玫瑰也能在枝條的中間處到上部開花。

誘引的基礎

誘引時，以塑膠束帶或麻繩等將彎曲的枝條誘引固定在結構物上。隨著植株的成長，枝條會變粗，留下變粗時的餘裕空間後，再綁緊固定。塑膠束帶可能使柔軟的枝條受傷，因此較推薦使用麻繩。

【麻繩】
將麻繩掛在枝條上，成8字形交叉後，在結構物上以平結固定。

【塑膠束帶】
留下枝條變粗的成長空間，在結構物端將束帶旋緊固定。

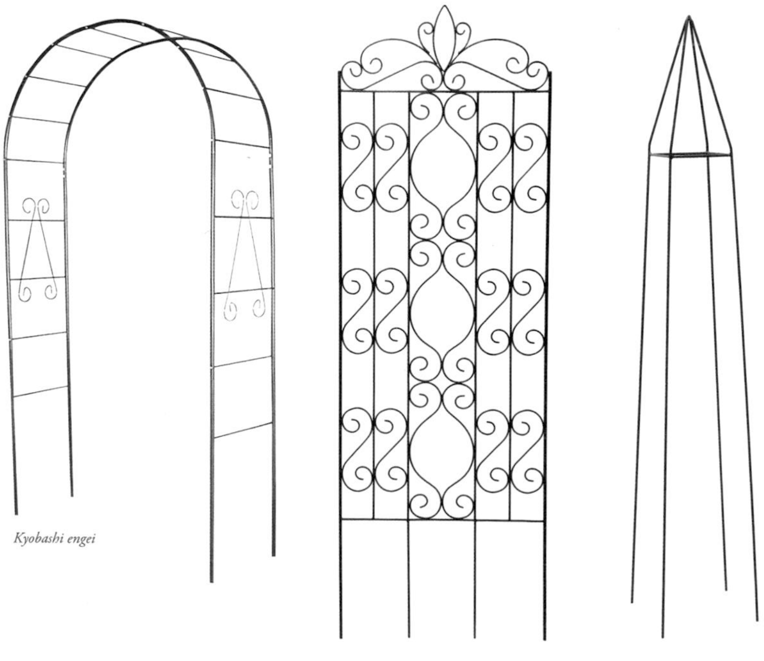

Kyobashi engei

誘引用的結構物

插在盆栽中使用，因此選擇時要選擇符合盆栽的尺寸大小者。且為了能支撐成長變大後的玫瑰，建議選擇結實堅固的素材。

1.錐形花架

儘管是狹窄的空間，也能欣賞蔓性玫瑰的立體美感。挑選時建議選擇能將內側生長出的筍芽，誘引到外側的錐形花架。

2.平面花架・圍籬

能以玫瑰覆蓋寬廣的面積。若一個盆栽不足夠，則可將兩至三個盆栽連結後使用（參照P.65上圖）。

3.拱門花架

在拱門花架兩側各放一盆栽，從兩方進行誘引。能成為陽台或庭院的視覺焦點。

理解「頂芽優勢」的性質

為什麼需要進行修剪和誘引呢？

所謂「頂芽優勢」就是，讓枝條先端的芽優先生長的性質。在我的觀察中，除了春天之外，不只是枝條而已，而是植株整體，都受頂芽優勢的影響，從位置高的枝條的頂芽開始優先成長。

若能掌握並充分利用頂芽優勢的性質，就能讓玫瑰開出更多的花。

首先可以利用修剪將植株整體修整成相同的高度，頂芽優勢的作用就能均衡地讓每個枝條長出新芽，花枝數增加。若沒有進行修剪，雖在位置高的枝條前端會結花，但在位置低的枝條就不易開花。

再則可以利用誘引讓枝條向側邊橫躺，如此就能讓花不僅是在枝條前端綻放，而是植株整體都能開花。至於誘引時要讓枝條向側邊橫躺多大的角度，此點與花的大小有關聯，詳細請參照P.95。

未進行修剪的情況

養分等集中在位置高的枝條先端的芽，使其優先成長。而位置低的芽因為養分不充足，生長狀況不良。

⇐

從枝條的前端長出如掃帚狀般的細枝，花的狀況不佳。位置低的枝條則不容易結花。

進行過修剪的情況

利用修剪將枝條修整成同一高度，讓養分均等送至每個枝條上。

⇐

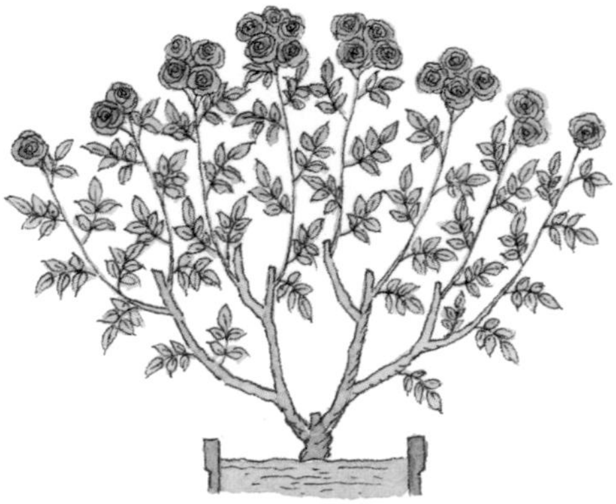

各枝條一齊生長，多數的花能同時綻放。

冬季修剪過後長出的新芽。因為頂芽優勢的性質，新芽旺盛地從枝條的前端生長出來。

有效率的藥劑散布能減少農藥用量

藥劑有殺菌劑和殺蟲劑之分

玫瑰在人們充滿欲求的反覆交配下，從一季開花性多出了四季開花性，且增加了花香、多瓣數、花色的豐富性，但這樣的結果使得追求耐病性的育種進度減緩，並造就出不噴灑藥劑，就容易因疾病而無法健全生長的類型。特別是類型3和類型4，噴灑藥劑是必要的工作。

藥劑有殺菌劑與殺蟲劑，且也有將此兩者混合而成的殺蟲殺菌劑。請依照不同的症況及目的，分別使用。若想要減農藥栽培，建議並非在病症出現後才進行噴灑，而是在進入容易發生疾病的季節前，就進行殺菌劑的預防噴灑工作，將能有效地減少農藥使用量。

盆栽種植可善用手動噴霧型藥劑

盆栽種植時主要是使用，簡便式的手動噴霧型藥劑，或加水稀釋後以噴霧器噴灑的藥劑。

手動噴霧型藥劑雖然容量少，但優點是一旦發現病症就能迅速地進行處理，且噴灑也輕鬆，極適合用於植株體積較小的盆栽種植。

需要加水稀釋的稀釋型藥劑，對於例如蔓性玫瑰等面積較廣，或體積較大，或多數的盆栽需一齊噴灑時，相當便利。

持續使用相同藥劑時，病蟲害的抗藥性有增強的可能，藥效因此減低。建議準備多種內含不同成分的藥劑，輪流使用，將可增加藥劑散布的效果。

適合盆栽種植的藥劑

建議使用不需自己稀釋且輕鬆就能利用的簡便式手動噴霧型藥劑。準備多種成分不同的藥劑，輪流使用將更有效果。

稀釋的方法

稀釋型的藥劑，遵照規定的倍數加入水稀釋，利用小型噴霧器進行噴灑。

先在量杯中加入欲配製的稀釋液的用量的約⅓程度的水（如：1公升的稀釋液約300毫升的水），再加入規定量的藥劑，並以攪拌棒攪拌均勻。

一邊攪拌一邊加入剩餘的⅔的水。稀釋液完成後注入噴霧器中，開始進行噴灑。

葉片打開前噴灑藥劑能減少農藥用量

黑點病或白粉病的病原菌，潛藏在柔軟的新芽和新葉片中。若在葉片打開前，提早噴灑有預防效果的殺菌劑，能有效抑制病原菌的擴散，也能大幅減低農藥的使用量。

葉片打開前噴灑有預防效果的殺菌劑，少量的藥劑就足夠。

病蟲害多發生於葉背，因此葉背也要徹底進行噴灑。藥劑噴灑量的比例是，葉背7、葉面3，從葉背往上噴灑時，呈霧狀的藥劑會往下沉，附著在葉面，因此雖是7：3的比例，實際上會成5：5。

玫瑰常見的疾病&害蟲

疾病

葉片若因疾病而無法正常地進行光合作用，植株就無法健全生長。或當花朵若發生疾病，就會減低其觀賞價值。

❶主要發生時期 ❷容易發生的部位 ❸特徵與對策法

Y.Kusama

灰黴病

❶6月至11月 ❷花朵 ❸溼度高的環境或雨量多的季節時發生，花朵上會出現圓點狀的斑紋。病症漸趨嚴重時，花朵整體會腐爛。將盆栽移至不會淋雨的場所。勿放置在通風不佳且濕度高的環境。可噴灑殺菌劑進行防治工作。

Y.Kusama

白粉病

❶11月至隔年4月 ❷新芽、新的枝葉、花梗、花萼、花朵 ❸在新芽或嫩葉上覆蓋如白色粉末狀般的真菌。將盆栽放置在日照充足及通風良好的場所中栽培，肥料勿施給過多。發生初期可以乾淨的水清洗，或噴灑殺菌劑。

JBP-Y.Itoh

黑點病

❶6月至11月 ❷下方葉片等較硬的葉片 ❸雨量多的季節時發生，發病的葉片會掉落。放置在不會淋雨的場所中栽培，或雨不斷持續時，將盆栽移動至不會淋雨的屋簷下。選擇樹勢強的品種或有耐病性的品種。可噴灑殺菌劑防治。

害蟲

玫瑰有多種害蟲容易滋生。
平日細心觀察，在發生初期就進行捕殺，或以殺蟲劑驅除。

❶主要發生時期 ❷容易發生的部位 ❸特徵與對策法

金龜子和幼蟲

JBP-H.Imai

❶6月至10月 ❷根部、葉片 ❸幼蟲啃食玫瑰根部，使得生育狀況惡化。易發生在未完全腐熟的堆肥或腐葉土中。若發現時將枝葉先端稍作修剪，並更換用土，進行捕殺。定期噴灑藥劑的盆栽較不容易發生。

玫瑰黑小象鼻蟲

Y.Kusama

❶5月至11月 ❷花蕾 ❸在開花前的花苞上產卵，讓花苞枯萎或掉落。無農藥栽培時易發生。定期噴灑藥劑的場所，幾乎不會出現。若發現時進行捕殺。

薊馬

Y.Uezumi

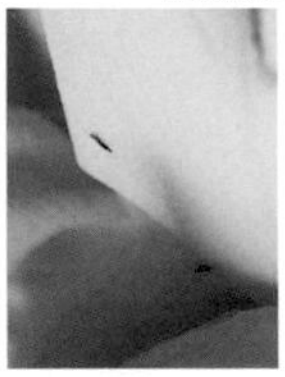

❶一整年
❷新芽、花蕾、花朵
❸吸取新芽或花的汁液，使葉片變形，降低花朵的觀賞價值。整朵花摘除，裝入塑膠袋內後丟棄。可噴灑殺蟲劑進行驅除。

蚜蟲

JBP-Y.Itoh

❶一整年
❷新芽、新的枝葉 ❸吸取樹液，使生育狀況惡化。疾病的媒介，或排泄物導致其他疾病的發生。施給過多的肥料或水，或日照不足導致植株軟弱時，就容易滋生。可噴灑殺蟲劑進行驅除。

葉蟎

Y.Kusama

❶一整年
❷葉背 ❸不會淋雨的場所易發生。從葉背吸取植株的汁液，造成樹勢減弱。世代交替快，短時間就能大量發生。可以水清洗葉背後，或使用殺葉蟎專用的藥劑進行驅除。

介殼蟲

Y.Kusama

❶一整年
❷舊的枝幹
❸高溫的夏季時，有白色或茶色如斑點般的害蟲附著於枝幹上，吸取植株的養分，造成樹勢衰弱。老化的植株較易發生。噴灑殺蟲劑後以牙刷等將之刷除。

玫瑰三節葉蜂 夜盜蟲

❶4月至11月 ❷新芽、新的枝葉 ❸大量一齊發生，且較其他害蟲成長後的體型大，葉片易被整片啃食。發現幼蟲聚集的葉片時，整片葉片切除捕殺，或噴灑殺蟲劑進行驅除。

JBP-Y.Itoh

玫瑰三節葉蜂的幼蟲。

Y.Kusama

夜盜蟲的幼蟲。

守護家園（For Your Home・類型2）
H.Ukai

第4章

讓盆植玫瑰美麗綻放的訣竅

在本章中，分別以秋、冬、春、梅雨、夏等五個小節，向各位介紹如何在台灣等無休眠地區，以盆栽種植也能讓玫瑰美麗盛開的訣竅。本書的編寫雖然是從秋天開始介紹，但在台灣，一整年中開花苗或新苗等苗木皆有流通，任何季節都可開始進行栽培。為使各位能更清楚了解每月的玫瑰工作，設計了P.76至P.79的栽培年曆，希望對各位的玫瑰栽培有所助益。

（備註）為使內容更清楚易懂，插圖等部分將省略葉片的數量及刺等。

讓盆植玫瑰美麗綻放 栽培年曆

樹形 類型

栽培工作（修剪、誘引等）依照樹形來進行。

木立樹形和灌木樹形的栽培作業方式基本上是共通的。

管理工作（澆水、追肥、散布藥劑等）依照類型1至4略有差異（參照P.79）

關於各個季節更詳細的栽培作業方式的說明，請參照P.80之後的頁面。

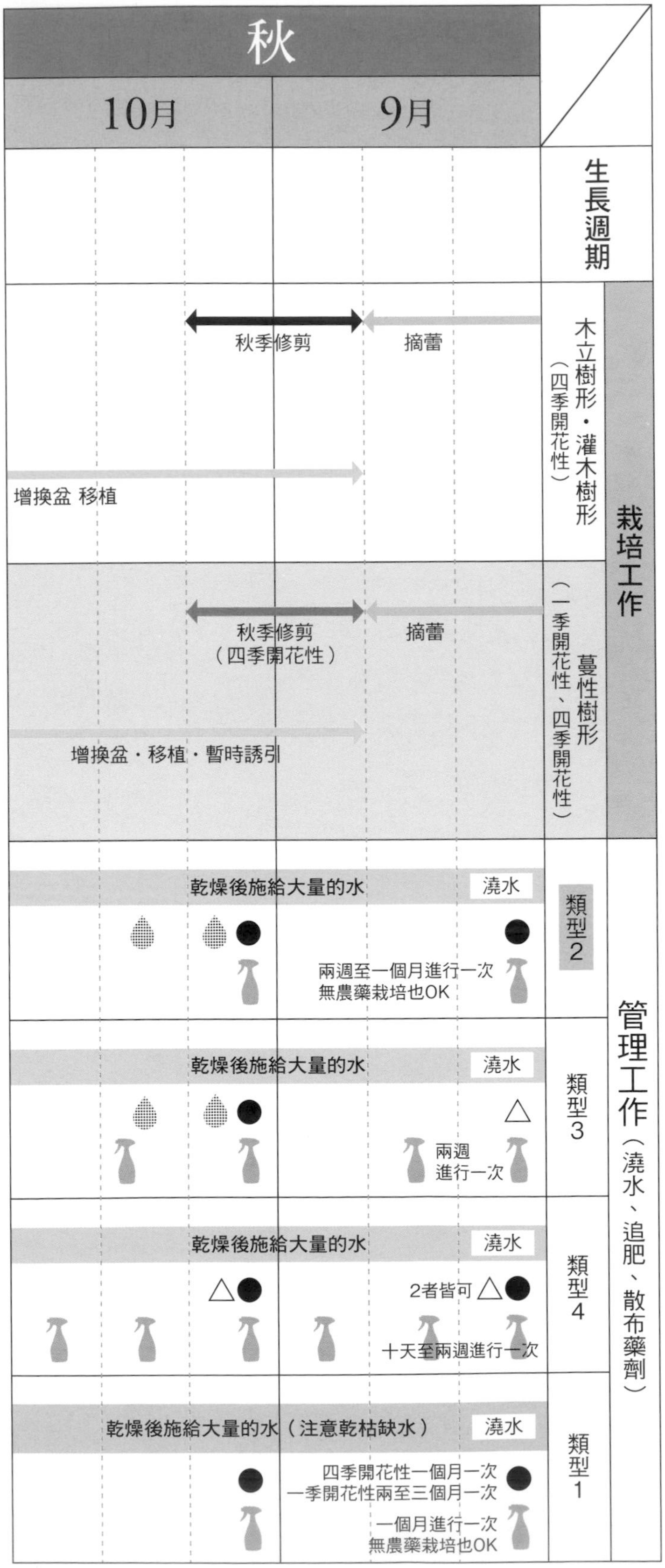

木立樹形的娜塔莎李察遜（Natasha Richardson 類型2）

K.Tamaoki

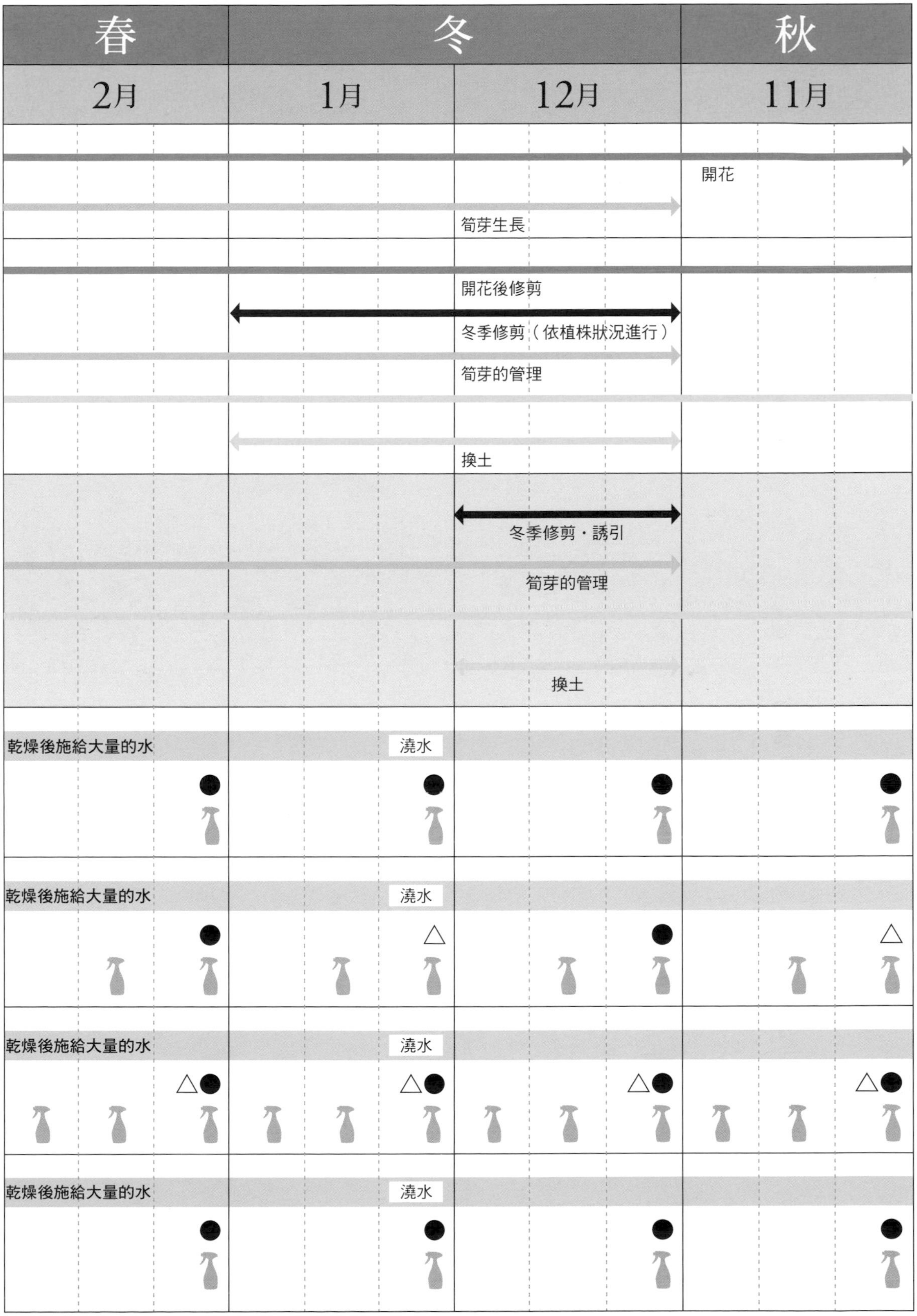

＊此栽培年曆是以台灣西部地區為標準所設計。依照各居住區域的氣候環境、品種別等，生長週期及管理方式會略有差異。

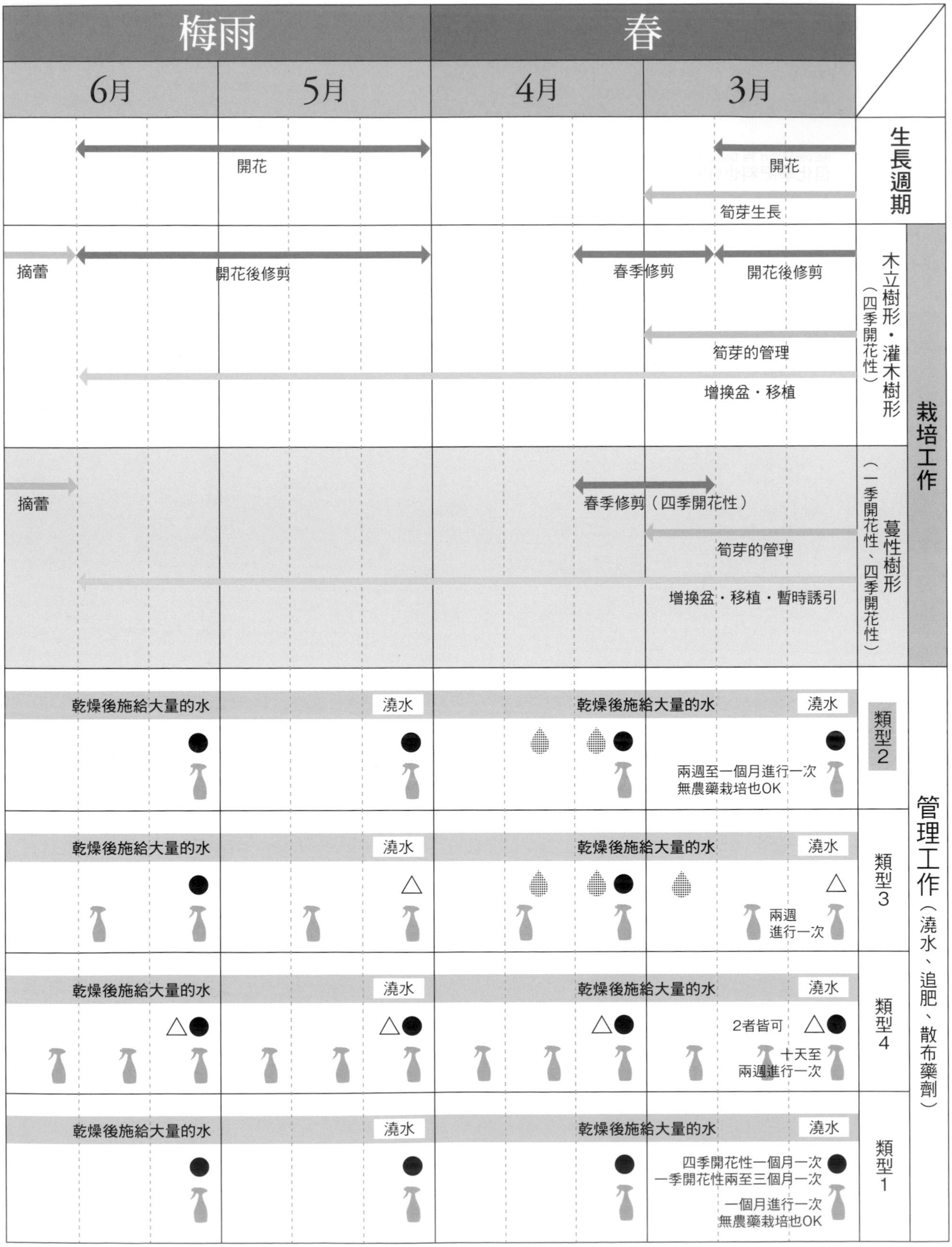

＊此栽培年曆是以台灣西部地區為標準所設計。依照各居住區域的氣候環境、品種別等，生長週期及管理方式會略有差異。

不同類型 肥料和藥劑的管理

肥料的使用方法

類型1	**建議使用有機肥料** 植株結實穩定成長。 一季開花性品種不太需要追肥。
類型2	**建議使用有機肥料** **但化學肥料也OK** 多數品種小型低矮且終年持續開花，所以需要經常補充能量養分。 在春・秋季修剪後、以及冬季修剪後新芽生長2至3cm時，與有速效性的液體肥料併用，可增加效果。
類型3	**奇數月是化學肥料，偶數月是有機肥料** **建議將肥料輪流使用** 在春・秋季修剪後、以及冬季修剪後新芽生長2至3cm時，與有速效性的液體肥料併用，可增加效果。
類型4	**有機肥料或化學肥料，兩者皆可** 因黑點病等落葉，沒有活力時，隔月施給或將用量減半。

藥劑的使用方法

類型1：儘管葉片部分掉落但因枝幹和根部強健，因此仍能持續成長。無農藥栽培也OK。

類型2：少量的藥劑就能讓葉片乾淨漂亮，讓花朵美麗綻放。無農藥栽培也OK。

類型3・4：需要定期噴灑藥劑。無農藥栽培常造成單枝枝條枯萎等玫瑰生長不健全的狀況發生。

關於管理工作

［澆水］ 乾燥後施給大量的水（基本的澆水）
➡土壤表面乾燥後施給大量的水，直到餘水從盆底流出為止。
乾燥後施給大量的水（注意乾枯缺水）
➡樹勢強且從葉片的蒸散量大的類型1，在炎夏的高溫期時特別注意是否乾枯缺水，提高澆水頻率。

［追肥］ 緩效性的固體肥料（有機肥料● 化學肥料△）
速效性的液體肥料

※每個月一次，在月初換新月曆的同時進行施肥，如此就不容易忘記。
※次數是參考基準。請依照各肥料的規定用量來進行施給。
肥料施給過多，容易培育出軟弱的植株，造成病蟲害容易發生。
尤其是類型4的品種，肥料用量請少於規定量。

［散布藥劑］

※請選擇適用於玫瑰病蟲害的藥劑。
※噴灑藥劑時，請配戴防護裝備，如長袖衣物、手套、口罩、眼罩等。
作業完成後，請漱口並清洗手部與臉部。

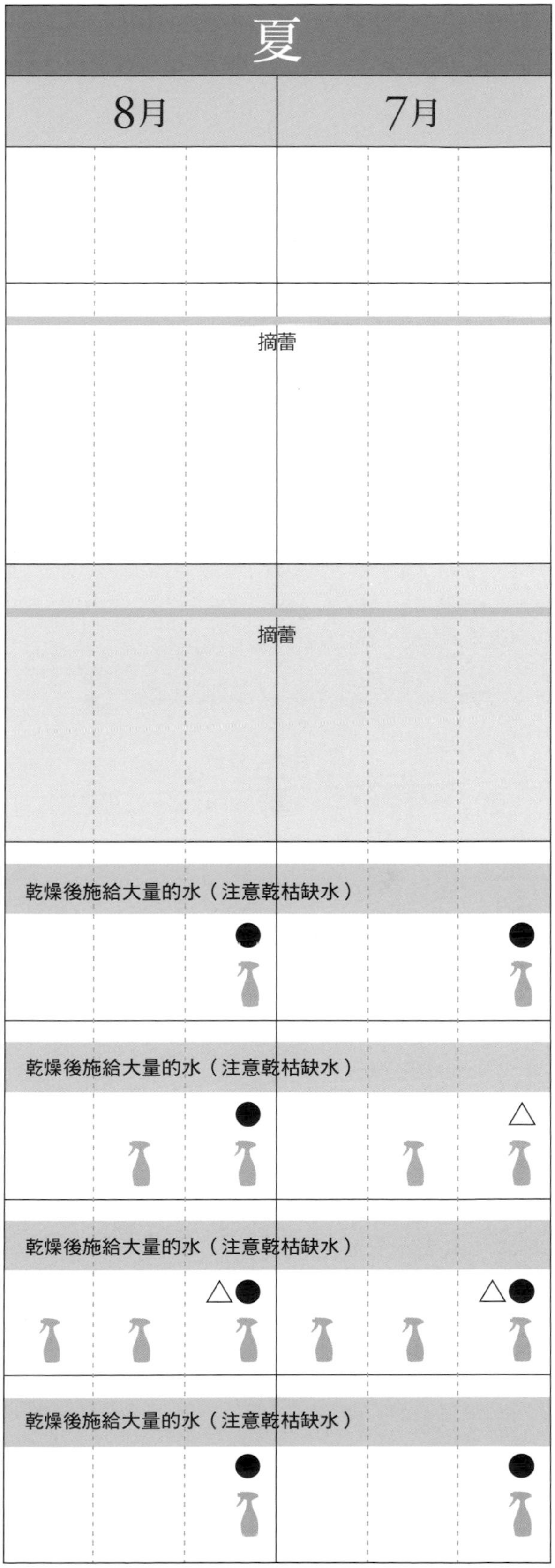

莫泊桑Guy de Maupassant

安妮的回憶 Souvenir d'Anne Frank

秋
Autumn
9至11月

秋季修剪 讓玫瑰美麗綻放

→ 木立樹形 灌木樹形

炎熱酷暑結束，進入了舒爽的季節，玫瑰的美麗花季也即將開始。為使玫瑰在花季能更加美麗盛開，四季開花性的玫瑰，在9月下旬至10月上旬，進行秋季修剪作業。若不進行，玫瑰依然能夠開花，但修剪的好處是，能降低樹高，讓玫瑰在更容易觀賞的高度綻放，並讓花朵能一齊盛開。木立樹形和灌木樹形的修剪步驟基本上共通。蔓性樹形請參照P.83。

Point

◎作業時期：9月下旬至10月上旬

◎以整體樹高的$^{2}/_{3}$為基準進行修剪

◎依照花的大小不同，改變修剪枝條的粗細（參照P.69）

◎盡可能在大的葉片上端修剪

◎修剪時外側略低，塑造出圓弧茂盛感

秋季修剪前的艾瑪漢彌爾頓女士（Lady Emma Hamilton 類型2）。木立樹形，中輪花。在整體高度的$^{2}/_{3}$處修剪，修整後晚秋時花朵會一齊盛開。

以整體高度的$\frac{2}{3}$為基準，從主要的枝幹開始修剪。修剪時留意芽的方向（參照P.69），盡可能在大的葉片上端修剪。修剪時兩側略低，讓植株呈現出圓弧且茂盛的感覺。

枝葉交雜密集的部分，將細枝從基部切除。枝葉間多出空隙，日照及通風會變好，同時也能預防病蟲害的發生。

依照$\frac{2}{3}$的高度修整過後的植株。剪除比開花所需的枝條粗細（中輪花需要竹筷左右的粗細，參照P.69）更細的枝條。如有枯萎的枝條，從該基部剪除，修剪作業即完成。

新芽會從緊鄰切口下端的葉片基部的芽點生長出來。修剪過後約40至60天，一號花會一齊盛開。

利用化學肥料來幫助新芽生長

類型3的玫瑰，在秋季修剪後加入化學肥料，能幫助並促進新芽的生長。固體肥料和液體肥料並用會更加有效果。選擇時建議使用氮（N）、磷（P）、鉀（K）三要素幾乎同一比例的肥料。

在澆水的同時，加入速效性的液體肥料，以澆水壺施給在植株基部。

按照規定量將固體狀的化學肥料，盡可能均等地圍繞植株周圍放置。

木村法則

樹勢強的玫瑰
秋季修剪時要淺修

以一部分類型2的木立樹形、灌木樹形的品種為主，秋季修剪時若修剪過深，一號花有可能不開花。因為樹勢強，比起將養分用於開花，更有將養分用於讓芽成長的傾向。此類的玫瑰在9月下旬時，以整體高度的¾為基準進行修剪，淺修即可。秋季修剪過後不施加肥料，刻意讓樹勢減弱，反而會更容易結花。

以整體高度的¾為基準，將樹高修齊。除了高度之外，其他的修剪方式皆不變。

美里的玫瑰色之歌
Chant rose misato

瑪麗玫瑰Mary Rose

葛拉漢湯瑪士Graham Thomas

黃金邊境Golden Border

小特里阿農Petit Trianon

為你解憂Blue for You

秋季修剪時只需淺修的玫瑰

秋季修剪若修剪過深時，一號花有不開花的可能性。例如：

・灌木樹形

葛拉漢湯瑪士Graham Thomas・為你解憂Blue for You・美里的玫瑰色之歌Chant rose misato・瑪麗玫瑰Mary Rose・阿曼丁香奈兒Amandine Chanel・夏洛特夫人Lady of Shalott・佛羅倫斯德拉特Florence Delattre・情書Billet doux・神秘Mysterieuse・小紅帽Rotkäppchen等。

・木立樹形

黃金邊境Golden Border・小特里阿農Petit Trianon・活力Alive等

秋季修剪 讓玫瑰美麗綻放

四季開花性的蔓性樹形，和一部分可塑造出蔓玫風的灌木樹形，只要經過秋季修剪就能使花量增多。修剪時依照花徑的大小，在足以能讓玫瑰漂亮盛開的枝條粗細處修整（參照P.69）。

↓ 蔓性樹形（一部分的灌木樹形）

Point

◎作業時期：9月下旬至10月上旬

◎依照花徑大小，在適當粗細的枝條處修剪

◎修剪過後，施給液體肥料促進新芽生長

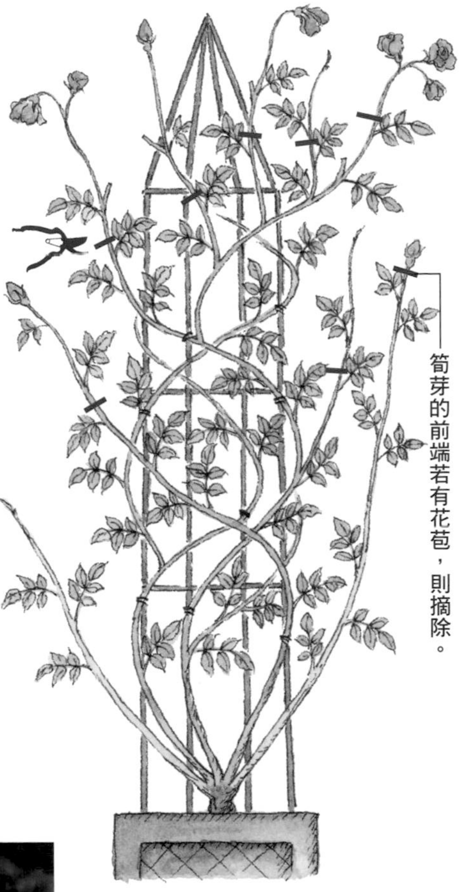
筍芽的前端若有花苞，則摘除。
在足以能開出好花的枝條粗細處下刀

一季開花性玫瑰若枝條過長如何處理？

這些負責隔年春天開花重任的枝條，若是過於妨礙通行等，可以在到冬季進行誘引之前的這段期間，以麻繩等將過長的枝條一併輕微綑綁起來，之後固定於結構物上。若仍然過長，將多餘的枝條切除也無妨。

中輪玫瑰在比竹筷略細的粗細處修剪。圖為威廉莫里斯（William Morris 類型2）。

小輪玫瑰在牙籤般的粗細處修剪。圖為雪雁（Snow Goose 類型2）。

秋季修剪後為何新芽不長出來呢？

金龜子的幼蟲會啃食根部，若放任不理會，植株有可能在短時間內就枯萎。

若當秋季修剪過後，新芽遲遲不長出來，此時很有可能是土壤中有金龜子的幼蟲。依照金龜子的種類不同，時期略有不同，但多數發生在6月至10月期間。金龜子會在有機物質多的土壤中產卵，而孵化出來的幼蟲則啃食根部。當你發現植株搖晃不穩固，用土減少或不長雜草時，請將植株小心地從花盆中拔出，確認是否有幼蟲存在。若取出時根團崩落，且根部減少，或發現幼蟲，則將用土換新，重新種植。種植後先在半日照處放置約兩週，之後移至有充分日照的場所，不要焦急，耐心地等待植株慢慢復原吧！

在6月至10月期間，可利用通氣性和通水性好的細網，將盆栽的開口部分覆蓋，使金龜子無法產卵。圖中是使用防風網。金龜子類喜歡在有機物質多的土壤中產卵，因此盡量避免使用含有過量堆肥及有機肥料的土壤。

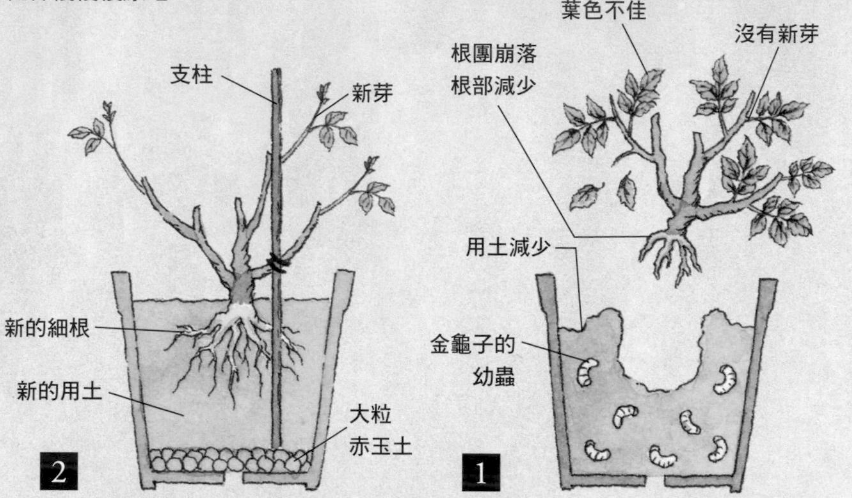

加入新的用土，重新種植在同樣大小或小一吋的花盆中。用土選擇肥料成分少，通氣性、排水性佳的土壤，並以支柱輔助固定。完成後放置於半日照處約兩週，若新芽生長出來表示新的根部也出來了，此時可將盆栽移動至有充分日照的場所。肥料則需要等待一個月後，再開始少量施給。

小心地將植株從花盆中拔出，並盡可能將細根留下。若發現土中有幼蟲，則將用土全部更換。

盆栽的防颱對策

在颱風來臨前，將盛開中的花朵剪下插入花瓶中，移至室內避難。為防止戶外的盆栽傾倒，將花盆聚集並靠攏牆壁，而容易傾倒的盆栽在事前就先使其橫躺在地，並以磚頭等固定。颱風過後，特別是沿海地區，以清水將沾附在葉片上的鹽分清洗乾淨，以防止鹽害。

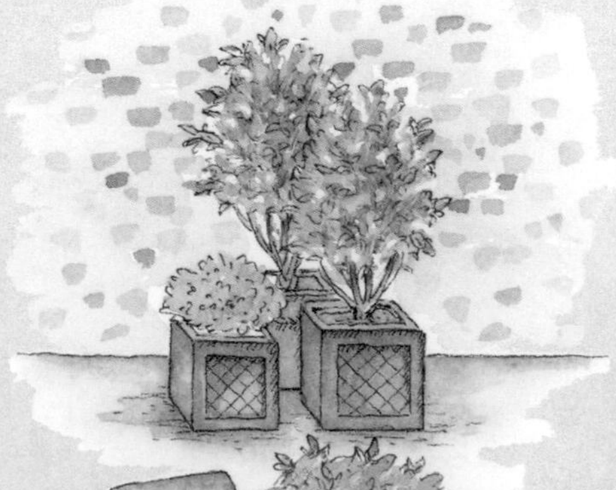

颱風來臨前，將花盆靠攏牆壁，或事前就先讓植株橫躺。

Rose Column

美麗的切花盛宴

玫瑰的栽培樂趣，已不單單只在栽培上。將自己種的玫瑰剪下後可當作切花來裝飾室內，或插花、製作捧花等。隨著社群網站等媒介的發達，幫玫瑰拍照後在網路上公開，和有著與自己相同興趣的玫瑰愛好者們相互欣賞，像這樣的有趣交流已日益增加了。在此與各位分享，如何將自己種的玫瑰剪下當作切花來欣賞時的訣竅。

花朵打開三至五分程度時剪下

何時可以剪下花朵呢？依照品種略有不同，但建議在花朵打開三分到五分程度時最佳。玫瑰的萼片可作為是否能剪下來時的判斷基準，萼片如果朝下，表示該花朵已經作好打開的準備，剪下插在花瓶中時也能繼續打開。

盡早將花朵剪下，可以減低植株的負擔，玫瑰也能盡早開始下個階段的生長。颱風等容易使花朵受傷的時期，將花朵剪下於室內裝飾，更是一舉兩得。

剪花的時間以早上6點至9點，玫瑰最富含水分的時段最佳。修剪的方式與開花後修剪（參照P.106）相同，在花莖的中間處，葉片基部的上端5㎜至1㎝處水平橫切。若是需要較長的花莖時，修剪時在原枝條上留下五片葉或七片葉至少兩片，就不會影響植株的生育。

讓枝條充分吸水後再裝飾

在花朵用來裝飾之前，先在沒有直射日照的涼快室內，準備一個裝水的水桶，將剪下來的玫瑰放入水桶中，讓枝條充分吸水約五小時。為不降低觀賞價值，不要浸泡到花朵。讓枝條充分吸水後，再拿來裝飾到喜愛的花瓶中，或作成小捧花贈送親友等。若缺少這個吸水的步驟，單花花期會減短，花梗柔弱低垂，很快就容易乾枯。

花朵插入花瓶後，約兩天一次更換舊水，並在水中將花莖的底端剪除數公分。可以防止水中產生的雜菌阻塞住吸水的管道。也可利用市售的切花用保鮮劑，讓花色更鮮明，單花花期更持久。

將自己種的玫瑰剪下來裝飾，再為花朵們拍張照吧！圖為雪拉莎德（Sheherazad・類型2）

在水桶中裝一半的水，若有浸泡在水中的葉片，需將葉片拔除，之後放置約五小時。如此可利用水壓讓枝條充分吸水。

以鋒利的剪刀將底端剪除，可延長花朵壽命。

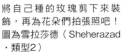

冬

Winter

12至1月

木立樹形・灌木樹形的冬季修剪

冬季雖然是一整年中玫瑰相當美麗的季節，但以氣溫及長遠的角度來看，此時進行冬季修剪最為合適。冬季修剪並非每年都要進行，而是依照植株的個別情況。盆栽種植的玫瑰，建議至少兩年進行一次冬季修剪作業。冬季修剪的主要目的及優點是，可將原本雜亂不漂亮的樹形重新塑造，同時降低樹高，等春天開花時花朵會在容易觀賞的高度盛開，而且花期一致，此外因為樹高降低，強迫植株進入半休眠狀態，能量養分集中在植株，不僅春天時能長出更充實飽滿的新芽，也能促進植株和枝條的更新回春。基本的修剪方法，木立樹形與灌木樹形是共通的。修剪過後勿馬上施給肥料，須等新芽伸展約2至3公分後才開始進行追肥（參照P.109）。當年度沒有計畫要進行冬季修剪的植株，若開花結束後，持續進行開花後的修剪。

Point

- ◎作業時期：12月至1月
- ◎並非每年都要進行，而是依照植株個別情況，至少兩年進行一次
- ◎從11月開始，減少澆水次數
- ◎以整體樹高½為基準進行修剪
- ◎在健康的好芽上端修剪
- ◎留意芽的生長方向（內芽與外芽，參照P.69）
- ◎依照花徑大小，在適當粗細的枝條處修剪（參照P.69）

○ 健康的好芽

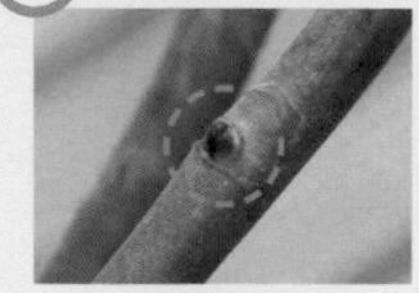

被包覆在枝條中。帶有健康的紅色。

× 不好的芽

突起的芽因寒冷而受傷。顏色不佳。

修剪前的狀態。以整體樹高的½為基準進行修剪。圖為木立樹形的牧羊女（The Shepherdess類型2）。花為中輪。

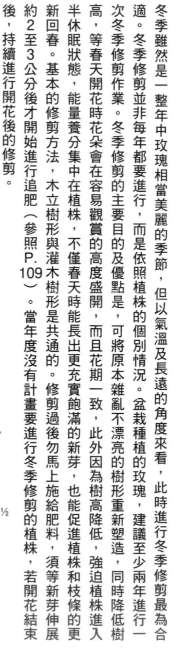

1 以整體高度的$\frac{1}{2}$為基準，並選擇健康好芽的上端，從主要的枝幹開始修剪。

2 依照$\frac{1}{2}$的高度修整過後的植株。兩側略低，讓樹形呈現出圓弧且茂盛的感覺。

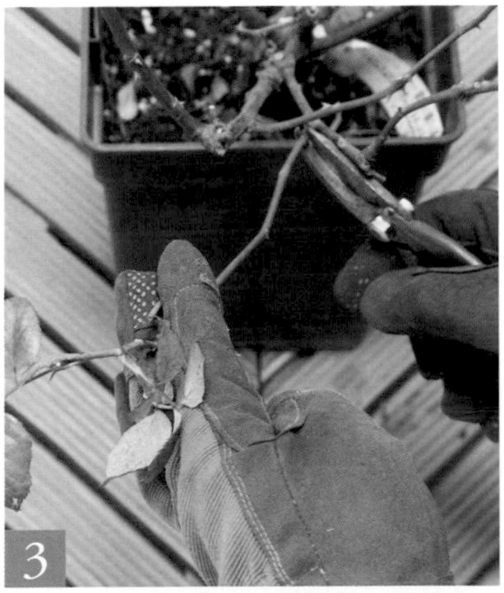

3 在足夠能開出好花的枝條粗細處下刀（中輪玫瑰約竹筷的粗細）。

4 將色澤不佳、沒有元氣的枝條和枯枝從基部剪除。

5 若有枝條交錯的部分，將較細的枝條從基部剪除。

6 之前修剪過的枝條若出現枯萎也一併剪除。

7 修剪後的狀態。將剩餘的葉片全部拔除，此舉可減少病蟲害的殘留。葉片拔除後修剪作業即完成。

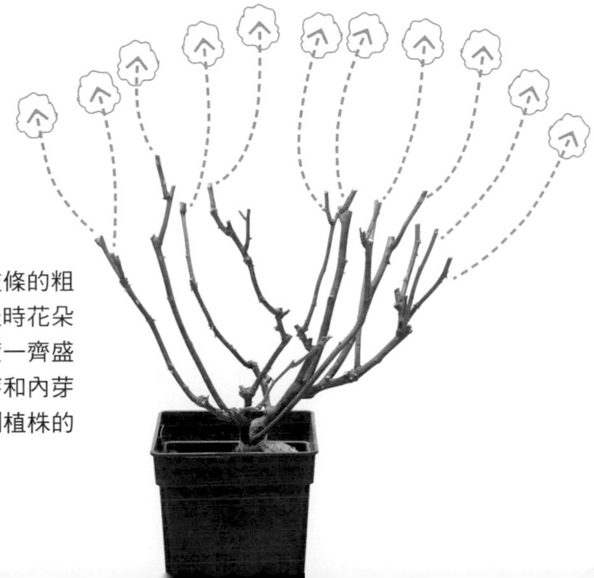

將植株的高度和枝條的粗細修整一致，春天時花朵就會在相同的高度一齊盛開。善加利用外芽和內芽的特性，就可控制植株的整體寬幅。

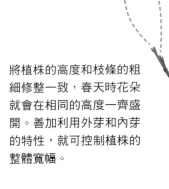

木村法則

依類別進行冬季修剪，讓玫瑰展現最大魅力

木立樹形、灌木樹形的冬季修剪，皆在整體高度約½處進行修剪，但其中有深剪會更好的品種，也有淺修較好的品種。只要善加利用內芽和外芽的特性，就能夠改變樹形。透過修剪，能讓玫瑰發揮出本有的能力，並且散發出新的魅力，接著介紹符合各個玫瑰類型的冬季修剪技巧。

類型2

將橫張的灌木樹形塑造成苗條體態

在類型2的玫瑰中，多數品種是屬於枝條向側邊橫向生長，具有橫張性的灌木樹形。如果栽培空間寬廣，可以讓枝條自然外擴，欣賞該品種原有的自然樹形，但若栽培空間窄小，希望玫瑰較為小型不占空間時，修剪時可積極挑選在內芽上端下刀，如此就可抑制樹形的橫張外擴。

橫張型的灌木樹形。圖片為曼斯特德伍德（Munstead Wood）。

修剪時選擇內芽或外芽，枝條的外擴程度就會跟著不同。

選擇內芽進行修剪

積極選擇內芽上端修剪時，可以抑制枝條向外橫張。修剪時要留意樹形整體的均衡，適度地選擇在外芽上端修剪。

選擇外芽進行修剪

積極挑選外芽上端修剪時，枝條向外伸展，樹形外擴橫張。栽培空間足夠且想欣賞原有的自然樹形時，可以利用此方式。

類型3

花徑大的 HT大輪玫瑰 要深剪

進行修剪前的HT大輪玫瑰。圖為皐月小姐（Miss Satsuki）。

在類型3中有多數的品種是花徑大的HT大輪玫瑰（木立樹形），如果修剪的位置高，只會開出花徑小的花，因此建議以整體高度的⅓為基準進行深剪。HT大輪玫瑰的枝條的壽命較短，多為三至四年就老化，因此如有老舊枝條，從基部切除，促進枝條的更新回春。

1

以整體高度的⅓為基準，從土要的枝幹開始修剪。

2

大輪玫瑰在粗細約鉛筆大小的枝條處下刀。細枝從基部剪除。

3

將枯萎的枝條，從基部剪除，拔除剩餘葉片後，修剪作業即完成。

◎枝條的更新回春

將老舊枝條從基部剪除，促進枝條和植株的更新回春。年輕健康的枝條（筍芽）留下三至四根。若枝條過粗，無法以剪刀剪除時，可利用小型的短鋸來鋸斷。

類型4

樹勢嬌弱的 玫瑰要淺修

類型4的玫瑰因為生長力較弱，修剪時以整體高度的⅔為基準，進行淺修，盡可能將枝葉都留下。修剪後噴灑有預防效果的殺菌劑，更能安心。

1

以整體高度的⅓為基準，將枝葉前端剪除。枯萎的枝條從基部切除。

2

病原菌有可能殘留在舊葉片上，因此修剪過後，將葉片全部摘除，修剪即完成。

蔓性樹形的冬季修剪和誘引

↓錐形花架

蔓性樹形（一部分可塑造出蔓性玫瑰風的灌木樹形亦同）在12月時進行冬季修剪和誘引。修剪的目的與春・秋季修剪相同，主要是要了整理枝條，並讓花朵能同時盛開。修剪的同時，將一整年延展出來的枝條作誘引，重新塑造出漂亮的姿態。若整體形狀沒有過分雜亂變形，整理時可將枝條一枝枝一邊鬆解，一邊進行整理，如此的作業方式較為輕鬆簡單。

Point

◎作業時期：12月（每年進行）

◎無須將葉片拔除

◎依照花徑的大小不同改變修剪枝條的粗細和誘引的角度（參照P.69、P.95）

◎枝條與枝條間留下5至10cm的間隔

◎枝條重疊時，以「點」的方式讓枝條交叉

◎壓低樹高，讓錐形花架的上端1/5至1/4保持空白

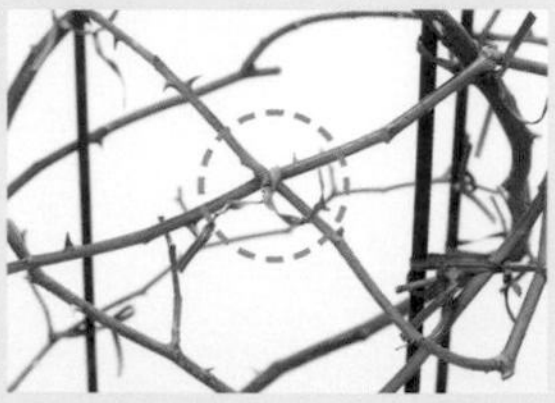

如果交叉的部分不安定，可以塑膠束帶固定。

在作業前先將多餘或過長的枝條剪除。中輪玫瑰在粗細約竹筷大小的枝條處下刀（大輪玫瑰約鉛筆的粗細、小輪玫瑰約牙籤的粗細）。

蔓性玫瑰的冬季修剪和誘引的時期是12月，且每年進行，無須將葉片刻意拔除。

修剪和誘引前的狀態。圖為中輪花的繁榮（Prosperity 類型1）。

※下方是日本冬季修剪和誘引的圖片。台灣冬季無休眠，葉片不掉落，且蔓性樹形的冬季修剪無須刻意拔除葉片，因此在台灣的情形與圖中不同，是有葉片的。

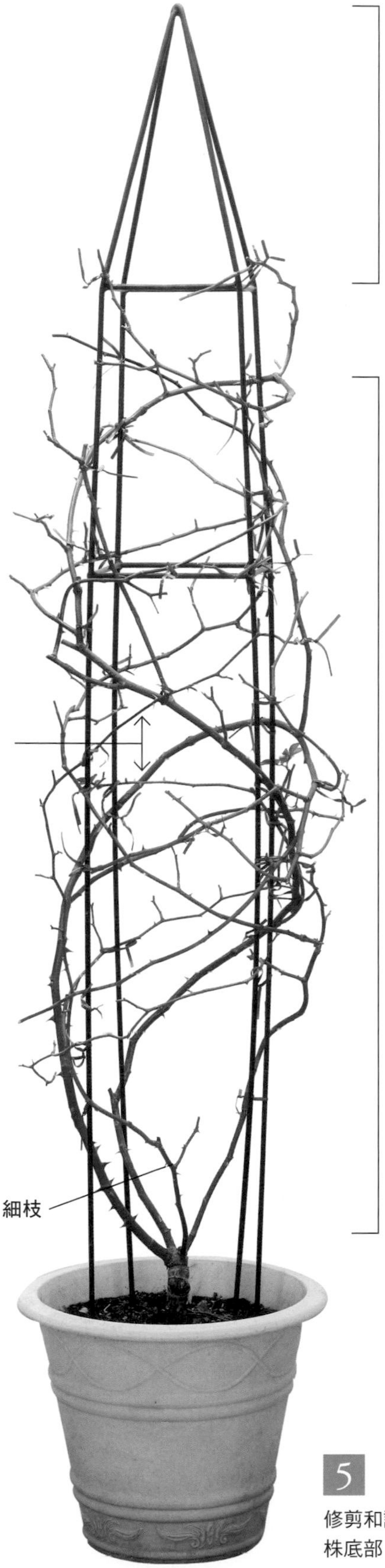
上端1/5至1/4不作任何誘引，預留空間給春天生長出來的花莖。
5至10cm
枝條與枝條間留下5至10cm的間隔，並將枝條平均配置。

5

修剪和誘引後的狀態。枝條少的植株底部，盡可能將細枝也留下。

3

稍微後退幾步，先了解整體的樹形。從最粗大的枝條開始重新誘引，誘引的同時讓枝條的整體高度壓低，讓錐形花架的上端1/5至1/4留出空間。完成後將其他較細的枝條重新平均配置。

4

將整體的枝條作修整。修剪時選擇在方向朝著錐形花架外側的芽上端修剪。

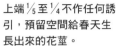

蔓性樹形的冬季修剪和誘引

⬇平面花架・圍籬

將不需要的枝條先剪除整理後，進行誘引。誘引在平面花架和圍籬等平面的結構物上時，讓粗硬的枝條直立，不要刻意彎曲，勉強將粗硬的枝條彎曲，容易造成樹勢衰弱，柔軟的枝條則是讓它向左右兩側展開。欲將灌木樹形的枝條延伸，塑造成蔓性玫瑰風時，也是採用相同作法。

Point

◎作業時期：12月（每年進行）

◎無須將葉片拔除

◎讓粗硬的枝條直立，不要刻意彎曲

◎依照花徑的大小不同改變修剪枝條的粗細和誘引的角度（參照P.69・P.95）

◎枝條與枝條間留下5至10cm的間隔

◎長度超出於結構物的枝條剪短

◎修剪時將枝條前端製造出高低差

為了讓花不是規律地排列成一排，可在修剪時將枝條前端作出高低差，製造出視覺美感。

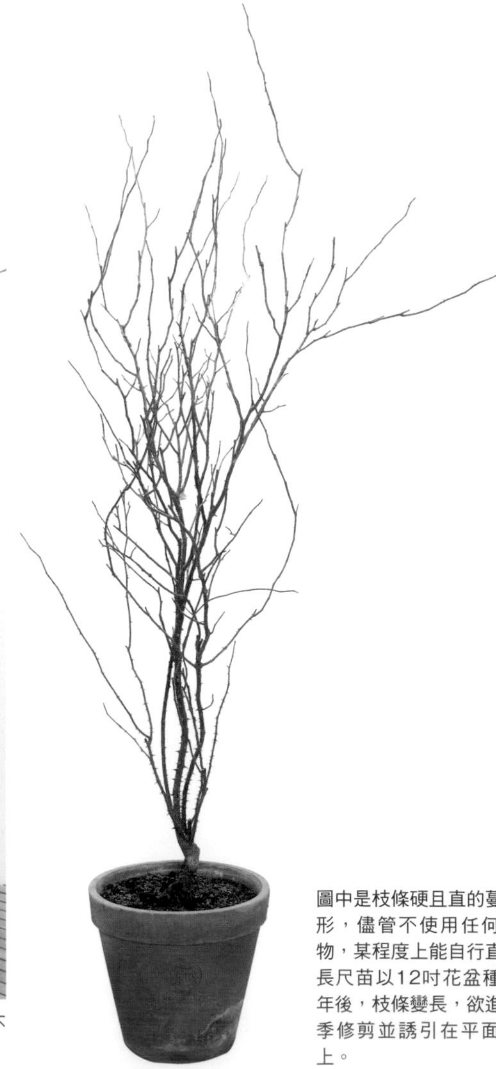

圖中是枝條硬且直的蔓性樹形，儘管不使用任何結構物，某程度上能自行直立。長尺苗以12吋花盆種植一年後，枝條變長，欲進行冬季修剪並誘引在平面花架上。

1

將平面花架設置在花盆中。為了使花架穩固不會搖動，要確實插入土中。

※下方是日本冬季修剪和誘引的圖片。台灣冬季無休眠，葉片不掉落，且蔓性樹形的冬季修剪無須刻意拔除葉片，因此在台灣的情形與圖片不同，是有葉片的。

4 讓柔軟的枝條向左右兩側伸展。將長度超出於結構物的枝條剪短。

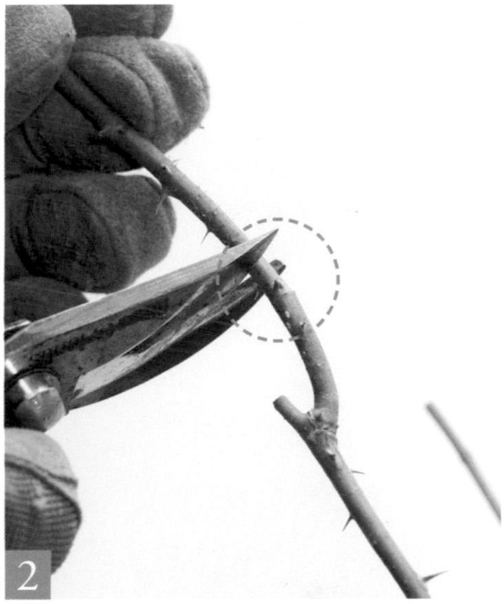

2 在足夠能開出好花的枝條粗細處下刀（參照P.69）。選擇在方向朝著陽光的芽上端5mm至1cm處修剪。

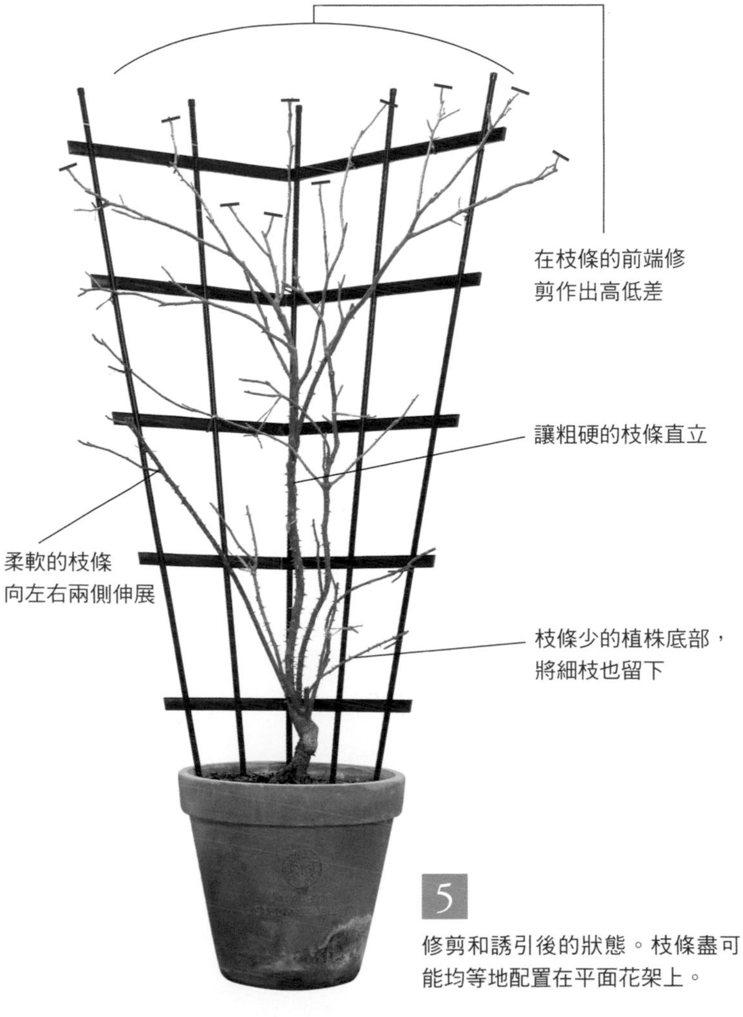
在枝條的前端修
剪作出高低差
讓粗硬的枝條直立
柔軟的枝條
向左右兩側伸展
枝條少的植株底部，
將細枝也留下

5 修剪和誘引後的狀態。枝條盡可能均等地配置在平面花架上。

3 枝條整理過後，進行誘引。讓粗硬的枝條直立，不刻意彎曲，以麻繩或塑膠束帶固定於平面花架上。

蔓性樹形的冬季修剪和誘引

拱門花架

在拱門花架的左右兩側各放置一個盆栽，一邊讓枝條朝斜上傾斜，一邊進行誘引。依照枝條的硬度，誘引的方式會有所不同。一部分可塑造出蔓性玫瑰風的灌木樹形，也可利用此作法進行誘引。

Point

◎作業時期：12月（每年進行）

◎依照花徑的大小不同改變修剪枝條的粗細和誘引的角度（參照P.69、P.95）

◎將枝條誘引在花架外側（枝條勿穿過內側）

◎花架頂端處，不要讓枝條重疊

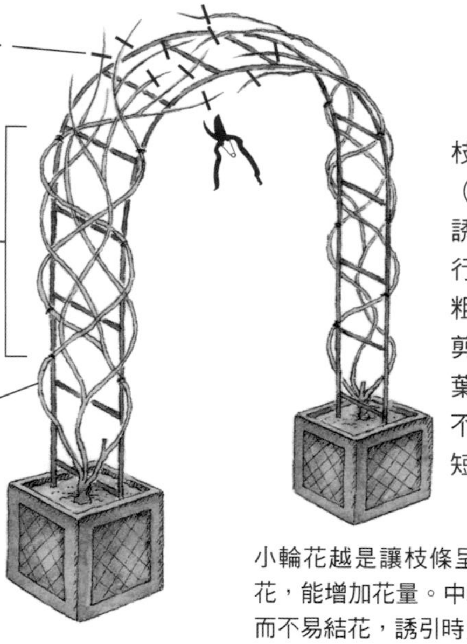
將枝條重疊的部分剪短
依照花的大小不同改變枝條傾斜的角度（參照P.95）
誘引在拱門花架的外側

枝條柔軟的情況

枝條柔軟有延伸力的蔓延薔薇（Rambler Rose 參照P.125）等，誘引時將長枝條邊側彎，一邊向上進行誘引。修整細枝條，小輪花在牙籤粗細處修剪，中輪花在竹筷粗細處修剪。花架上端若枝條重疊，下方的枝葉容易被遮蔽住陽光而處於日陰中，不易結花，因此將重疊處的枝條剪短。

小輪花越是讓枝條呈水平側彎，越容易結花，能增加花量。中輪花若過於傾斜時，反而不易結花，誘引時角度呈斜上進行誘引。

為使枝條能在花架的範圍內，將長度超出於花架的部分剪短
中輪和大輪花，枝條誘引時不要過分傾斜（參照P.95）

枝條粗硬的情況

四季開花性的中輪花和大輪花，枝條粗硬，一邊進行分枝，一邊往上增加樹高。誘引時如果枝條傾斜的角度過大，不易結花，因此建議在誘引時要依照花徑的大小不同，改變傾斜的角度（參照P.95）。

將多出於花架範圍的枝條剪短，中輪花以竹筷以上的粗細為基準，大輪花則以鉛筆以上的粗細為基準，枝條朝斜上方或接近直立的斜上方進行誘引，並以麻繩或塑膠束帶將枝條固定。

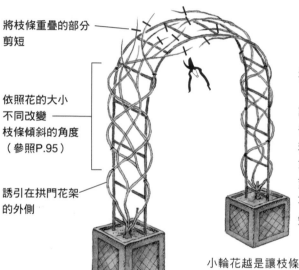

木村法則

依照花徑大小，改變枝條傾斜的角度

玫瑰具有頂芽優勢（參照P.72）的性質，因此蔓性玫瑰若將枝條水平誘引，就能增加花芽數量。小輪花的蔓性玫瑰要開出一朵花，並不需要耗費非常多的能量養分，因此誘引時，越是讓枝條呈水平側彎，越能增加花量。而中輪或大輪的蔓性玫瑰，要讓每一朵花綻放時，需要消耗相當多的能量養分，因此若讓花芽結過多，反而容易分散養分，造成花徑變小，甚至不開花。不只是花徑的大小，開花習性、花瓣數、花色等，也互相影響著開花所需的能量養分的多寡。參考下方的圖表改變誘引的角度，讓蔓性玫瑰開出美麗的花朵吧！

小輪花 一季開花性

誘引時枝條呈水平，能增加花量。

中輪花 重複開花性

誘引時枝條若呈水平反而會使花量減少，
朝斜上方進行誘引。

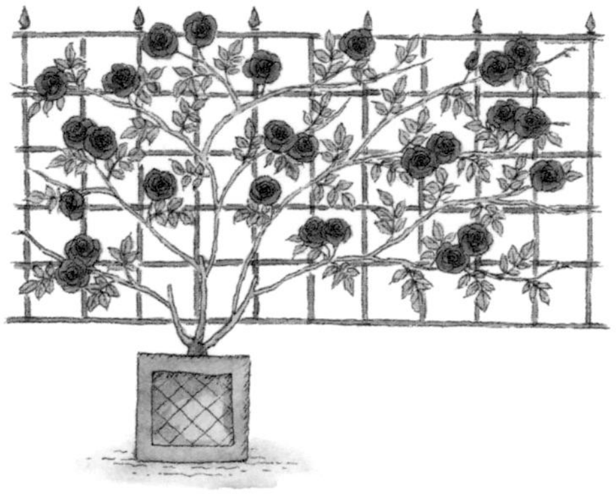

大輪花 四季開花性

朝接近直立的斜上方誘引，
讓能量養分集中在枝條上半段。

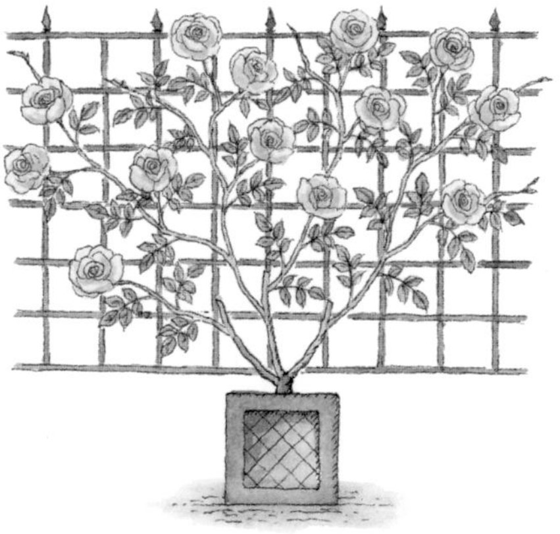

誘引的角度	水平	斜上	接近直立的斜上
❶花徑大小	小輪	中輪	大輪
❷開花習性	一季開花性	重複開花性	四季開花性
❸花瓣數	單瓣	半重瓣	重瓣
❹花色	粉紅 白	杏色 黃色 紅	紫 茶

優先順位❶→❹

木村法則

利用誘引來玩賞玫瑰

如果你已經記住誘引的基本原則後，那試著運用這些原則，更自由地玩賞玫瑰吧！例如，將灌木樹形的玫瑰塑造成蔓性玫瑰風，或讓拱門花架變身成表裡不同，同時有兩種風情可以欣賞的花架。

灌木樹形塑造成蔓性玫瑰風

灌木玫瑰在冬季修剪時，若積極選擇內芽且進行深剪，能成為像木立玫瑰般較為小型低矮的樹形（參照P.88），但如果讓柔軟有彈性的枝條延伸，誘引在結構物上時，就能塑造出如蔓性玫瑰般的風情。

將所有的枝條誘引完成後的狀態。不須將枝條過分彎曲，讓枝條自然依靠著支架即可。

將錐形花架等結構物設置在花盆中。在足夠能開出好花的枝條粗細處（中輪玫瑰約竹筷的粗細）下刀進行修剪，枝條朝斜上方誘引，並以麻繩或塑膠束帶固定。

灌木樹形、中輪花的法國禮服（Robe a la Française 類型2）

同時有兩種風情可欣賞的拱門花架

在同一個拱門花架的兩側，以不同的品種來進行誘引時，就同時有兩種風貌可以欣賞。將喜歡日照的品種放在日照充足的一端，半日照的另一端則是選擇有耐陰性的品種，如此一來兩端的茂盛度就不會有過大差異。

觀賞的角度不同，景色也隨著不同，樂趣就跟著倍增。若能依照日照條件選擇適當的品種，兩端的玫瑰皆能順利健全地生長。

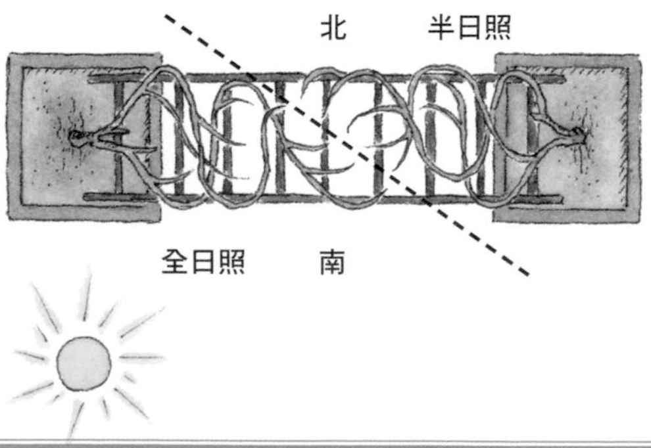

拱門花架上端分成全日照區和半日照區進行誘引。

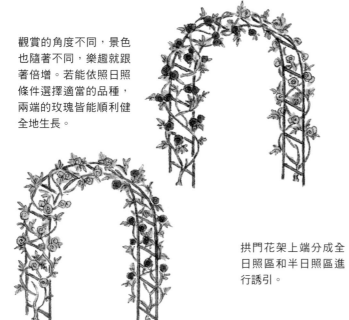

冬季增換盆（花盆尺寸增大）

花盆中如果長滿過多細根，水分和肥料的吸收會變差，土壤容易乾燥缺水，下端的葉片變黃或掉落（根系糾結）。因此，在冬季時進行增換盆，去除部分舊土和過於糾結的根系。更換至比原尺寸大2吋的花盆中。在冬季進行冬季修剪的同時增換盆，若因沒有時間等因素造成無法同時進行時，作業的順序是：先完成修剪，再進行增換盆，若順序相反容易造成植株負擔。

在台灣只要避開6月中旬至9月上旬酷熱高溫的炎夏，其他時期皆可進行，生長期時的作業方式請參照P.110，但若需要去除舊土和糾結的根系，則建議在冬季進行。

【事前準備】

- 一至兩年沒有進行過增換盆的植株
- 比原尺寸大2吋的花盆（例如6吋盆換8吋盆）
- 用土（有加入基肥的市售玫瑰專用培養土、或自行調配的自創培養土）
- 移植鏝
- 澆水壺

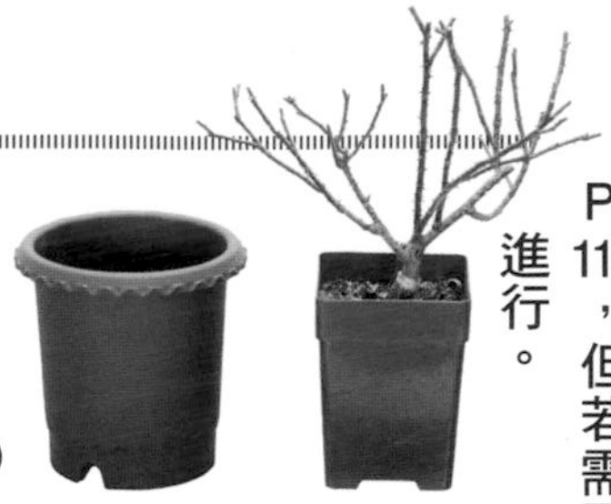

Point

◎作業時期：12月至1月

◎增換至比原尺寸大2吋的花盆

◎去除根團上的舊土¼至⅓

◎盆底排水孔少時，在盆底鋪上大粒的赤玉土等，高度約3公分

◎先完成冬季修剪，再進行增換盆

1 從花盆中將根團拔出，以指尖輕輕抓揉使根團變鬆，將根團底部及肩部（見上圖）的土去除約2至3成，而側面的土也輕微去除。

2 撥鬆且去土過後的根團。根部仍緊抓著土壤的狀態為佳。土壤勿清除過多。

3 先在盆底輕鋪上一層培養土，將根團放入，保留住3至4cm盛水空間的高度，並將剩餘的空間填滿培養土。

4 將盆栽輕敲、搖晃，減少根團和培養土間的空隙。充分澆水，約30分鐘後再澆第二次。增換盆的作業即完成。

木村法則

加入基肥 增強生育力

除了培養土中調配的基肥之外，在盆底另外加入緩效性的有機肥料，如此一來，可以增強根部伸展時的成長力。換土或生長期時的增換盆也是相同作法。

在盆底加入薄薄一層的培養土後，將肥料成分少的有機肥料（接近N-P-K=3-3-3等）加入並和用土攪拌。

為了不讓植株根部在定植後馬上就接觸到肥料，加入一層培養土將肥料覆蓋住後，才將植株移入。

冬季換土（花盆尺寸不變）

若不希望植株或花盆的大小比現在更大時，在冬季12月至1月進行冬季修剪的同時，進行換土。利用同一個花盆或相同大小的花盆，將大部分的舊土去除，換成新的培養土，重新種植。在去除舊土時，一邊帶著對玫瑰的感謝心意，一邊以手輕輕抓揉根團，玫瑰也會感受到這樣的心意。在冬季經過冬季修剪和換過土的植株，須等新芽伸展約2至3公分後才開始施加肥料。

【事前準備】

- 一至兩年沒有進行過增換盆的植株
- 用土（有加入基肥的市售玫瑰專用培養土、或自行調配的自創培養土）
- 移植鏝
- 澆水壺
- 剪刀

Point

◎作業時期：12月至1月

◎花盆尺寸不變，換入新的培養土

◎至少兩年一次進行換土作業（持續有進行增換盆的植株，無冬季換土的必要）

◎去除根團上的舊土$\frac{2}{3}$至$\frac{1}{2}$

◎盆底排水孔少時，在盆底鋪上大粒的赤玉土等，高度約3公分

◎先完成冬季修剪，再進行增換盆

1

將根團從花盆中拔出。土壤原有的顆粒狀已經消失，根團呈現硬且根系糾結的狀態。

2

將植株平放，以手指將變硬的土壤抓揉並弄鬆，同時也將附著在細根上的土壤去除。

3

超出根團過長的細根，以剪刀剪除。

4

弄鬆且去土過後的根團。附著於主根旁的土壤勿去除。

5

在盆底鋪上新的培養土，將植株放入後，保留住3至4cm盛水空間的高度，加入培養土並將剩餘空間填滿。

6

將盆栽輕敲、搖晃，減少根團和培養土間的空隙。定植後充分澆水，約30分鐘後再澆第二次。換土作業即告完成。

如何在寒冬時讓玫瑰綻放

木村法則

在日本，玫瑰冬季會落葉並進入休眠。在台灣即使是沒有冬季落葉和休眠，部分品種在冬季的花量會減少。再者，當最低氣溫低於攝氏15度以下時，新芽不容易生長。為了讓玫瑰在冬季也能持續開花，建議在花朵結束進行開花後修剪時，盡可能不要摘下葉片只將殘花剪除即可。

在最上端的葉片上方將殘花剪除。

緊鄰下方的芽點很快會長出新的側芽。

瑪蒂達（Matilda 右）和冰山（Iceberg 下）等花瓣數少的中輪豐花玫瑰，容易開出下一輪花，相當推薦。

K.Tamaoki

可以讓摘下後的花朵漂浮在水面上作裝飾，別有一番風情。

克洛德莫內 Claude Monet

春
Spring
2至4月

走！來去買玫瑰吧！

春季修剪
作業時期：3月下旬至4月下旬

四季開花性的玫瑰在3月下旬開始至4月上旬，進行春季修剪。將生長過於茂密且雜亂的枝條和老舊枝條作修剪，讓枝葉間的通風變好，可減低病蟲害的發生，並且降低樹高，讓花朵在容易觀賞的高度開花，且調整開花期，使花朵能一齊綻放。此外，若當年度已進行過冬季修剪的植株，就沒有春季修剪作業的必要。修剪的方式等皆與秋季修剪相同，以整體高度的⅔為基準，剪除⅓，並依照該品種花徑大小，在適當的枝條粗細處進行修剪。木立樹形　灌木樹形請參照P.80至P.81，蔓性樹形請參照P.83。春季修剪之後，施給有速效性的液體肥料，促進新芽的生長。

長尺苗的開花苗

灌木樹形和蔓性樹形的品種栽種了一個季節後的苗木。馬上就能誘引在結構物上，能快速製造出景觀。

大苗的開花苗

優點是可以看到花的大小顏色後挑選喜歡的品種，且因根部已健全生長，比較沒有枯萎的憂慮，剛接觸玫瑰的新手可先從此類苗木入門。

新苗

如果你已經習慣玫瑰的種植，無論是強健的類型1、2，或對環境的變化並不擅長的類型4，可以從新苗開始種植，讓玫瑰從新苗時就開始適應環境。

新苗的移植程序

流通在市面上的新苗多種植在3.5至4吋的黑軟盆中，建議於購買後盡速移植至6吋盆。增換盆或移植，原則上只要避開6月中旬至9月下旬的酷熱時期，其他季節皆可進行。增換盆時盡可能不使根團受損或土壤崩落。

在花盆中放入培養土。若是像圖中排水孔多且通氣性佳的花盆，就無需在盆底鋪上赤玉土。

將剪除了花苞和花朵的新苗（連同黑軟盆）放入花盆中，先目測並調整用土的高度。記得要保留約3公分高的盛水空間。

以食指與中指將植株基部托夾住後，將新苗翻轉過來，並將黑軟盆輕巧地拔起。原有的輔助固定用的支柱不需拔除。

將新苗放入花盆中，放入時盡可能不讓根團崩落。將根團和花盆間的空隙填入培養土。若是嫁接苗，注意勿讓土壤覆蓋住嫁接口。

加入培養土後，將盆栽搖晃及輕敲地面，讓土壤自然下落填滿空隙。切記不要以手去壓平土壤。

以澆水壺充分澆水，直到餘水從盆底流出為止。約放置30分鐘後再澆第二次，水量依然要充分。新苗的移植作業即完成。

【事前準備】

- 新苗
- 6吋大的花盆
- 用土（有加入基肥的市售玫瑰專用培養土、或自行調配的自創培養土）
- 移植鏝
- 澆水壺
- 修剪用剪刀

Point

- ◎只要避開6月中旬至9月下旬的酷熱季節，其他時期皆可進行
- ◎移植前將花苞和花朵剪除
- ◎盆底排水孔少時，在盆底鋪上大粒的赤玉土等，高度約3公分
- ◎移植至6吋盆時盡可能不要讓根團受損或土壤崩落
- ◎不要以手去壓平土壤
- ◎若是嫁接苗，嫁接口上如果有塑膠貼布，不要拔除

為了讓養分集中在植株的成長上，將花苞和花朵剪除。葉片盡可能留下。

長尺苗的增換盆

灌木樹形與蔓性樹形的長尺苗，因為枝葉茂盛，水分從葉片的蒸散作用旺盛，容易造成缺水，因此購買後盡速移植至10吋以上的花盆。增換盆原則上只要避開6月中旬至9月下旬的酷熱季節，其他時期皆可進行，但如果是在炎夏時購買，也請不要猶豫，盡速進行。

【事前準備】

- 長尺苗的開花苗
- 10吋以上的花盆
- 用土（有加入基肥的市售玫瑰專用培養土、或自行調配的自創培養土）
- 赤玉土大粒
- 移植鏝
- 澆水壺

Point

◎只要避開6月中旬至9月下旬的酷熱季節，其他時期皆可進行

◎因生育速度快，植株容易缺水，增換盆至大型的花盆中（10吋以上）

◎盆底排水孔少時，在盆底鋪上大粒的赤玉土等

◎移植時盡可能不要讓根團受損或土壤崩落

◎保留3至4cm盛水空間的高度

◎定植後施給足夠的水分，30分鐘後再澆第二次

圖片中排水孔少的花盆，通氣性不佳，因此在盆底鋪上大粒的赤玉土等，高度約3公分，改善通氣性。

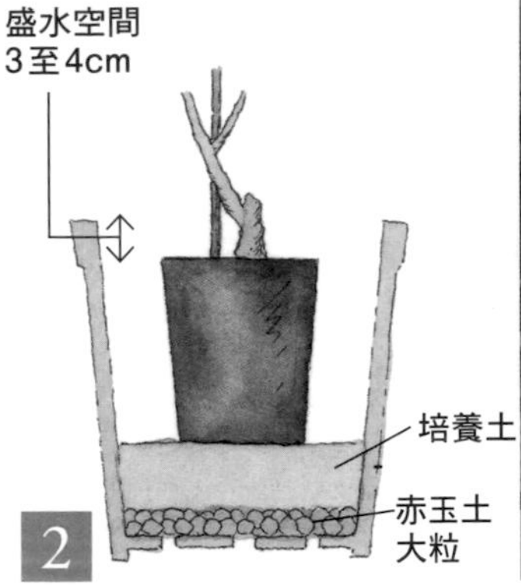

赤玉土上鋪上培養土。先將原花盆放入，調整用土的高度，並保留下約3至4cm高的盛水空間。

將苗木取出，放入新花盆後填入培養土。支柱不需拔除。將填入用土後的花盆搖晃，澆水後即作業完成。

如果根部長出盆底，該怎麼處理呢？

樹勢強的蔓性玫瑰或灌木玫瑰，如果栽種在6吋小花盆中時，根部很快就會長滿。雖然在生長期進行增換盆的原則是，不使根團受損或土壤崩落，但如果根部已經長出盆底，苗木無法拔出時，可將多出的根部剪除後拔出，並將根團輕微弄鬆後再移植至較大的花盆中。

以剪刀將從排水孔長出的根部剪除後，拔出根團。如果不容易拔出時，可將盆栽橫放，輕敲花盆的側面。

將變硬的根團的側面和底部，以手指頭輕微弄鬆，如此能幫助根部更容易適應新的土壤。

將根團弄鬆後進行移植。若土壤去除過多而使根部受傷時，水分和肥料的吸收將會變差要小心留意。

長尺苗的暫時誘引

↓錐形花架

長尺苗的開花苗，在增換盆的同時，將枝條暫時誘引到結構物上。因為是玫瑰的生長期，不要過分勉強彎曲枝條。到冬季12月時再進行整理和正式的誘引，關於誘引的詳細說明請參考P.90至P.95。

【事前準備】

- 已經完成增換盆作業的長尺苗開花苗
- 錐形花架（高度約1.0m至1.8m）
- 塑膠束帶或麻繩
- 修剪用剪刀

Point

◎依照枝條的粗細和長度分成三至四等分，粗且長的枝條誘引至上半部，短枝和細枝誘引至下半部。

◎將枝條誘引在花架外側（枝條勿穿過內側）

◎枝條與枝條間留下5至10cm的間隔，枝條重疊時，以「點」的感覺讓枝條交叉（參照P.90）

◎若是四季開花性，誘引結束後將花朵剪除

將花朵剪除，養分就能集中在植株的成長上，能增加日後的花量。一季開花性品種則是在花朵觀賞期結束後才進行開花後修剪（參照P.106）

從6吋盆增換至10吋盆的蔓性玫瑰的長尺苗。參照前頁。

支柱拔除後，將枝條大分為三至四等分，左右各為粗且長的枝條❶❷，前方為短枝和細枝❸。

錐形花架穩固地設置完成後，將左右粗且長的枝條❶❷，朝斜上方誘引，勿過分彎曲，並以塑膠束帶或麻繩固定。

粗且長的枝條誘引至上半部後，短枝和細枝誘引至下半部，作業完成。

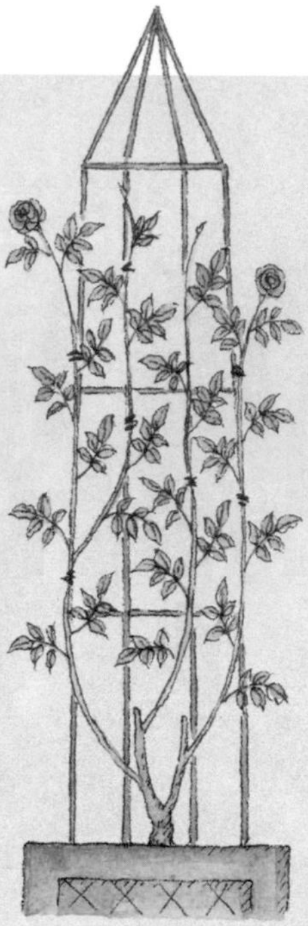

自然地順著錐形花架誘引，以麻繩或塑膠束帶等暫時固定。固定時留下枝條變粗的成長空間，勿綑綁過緊。12月時再重新進行誘引工作。

玫瑰初學者只要順著結構物誘引就OK

玫瑰生長期時若將枝條過份彎曲，將給玫瑰帶來相當大的壓力。此外，生長期時玫瑰的枝條比冬季的低溫期時更容易被折斷，因此建議第一次幫玫瑰誘引，或對誘引不太有信心的初學者，只要順著錐形支架輕微誘引固定，讓長枝條不至於擋路，或不會因強風折斷等即可。到了冬季12月時，再重新且確實地進行誘引工作（參照P.90至P.95）。平面花架、圍籬或拱門花架等亦同。

如果在誘引過程中不小心折損枝條，先別緊張。將折損的斷面合攏並以塑膠貼布圍繞並固定，在不造成該枝條更大負擔下，將其固定在結構物上，其他就交給大自然去決定。

木村法則

枝條集中至觀賞面

誘引在錐形花架時，將枝條均等地配置到整體是比較簡單的作法。但如果後方是牆壁，只能單一面觀賞時，將枝條盡可能誘引集中到觀賞面，如此一來，雖然枝條數量不變，卻能讓可觀賞到的花量增加。

修剪時，讓切口朝著觀賞面，枝條分枝、枝數增加，花量也會因此增加，而且觀賞面會更加美觀。

修剪時，讓切口朝著觀賞面，枝條分枝，增加枝數與花量。

【觀賞面】讓枝條集中在此面

【壁面】

靠牆壁面，因為處在陰影處花量變少，而且從觀賞面無法欣賞，因此誘引時盡可能將枝條集中在觀賞面。

長尺苗的暫時誘引

↓平面花架・圍籬・拱門花架

若想塑造蔓性玫瑰在平面花架、圍籬或拱門花架時，也是將植株增換到大的花盆後，才將枝條誘引固定在結構物上。因為是玫瑰的生長期，以枝條的成長為優先，勿過分勉強彎曲枝條，順著結構物誘引攀附即可。

平面花架・圍籬

【事前準備】

- 已經完成增換盆作業的長尺苗開花苗
- 平面花架、圍籬（高度約1.0m至1.8m）
- 塑膠束帶或麻繩
- 修剪用剪刀

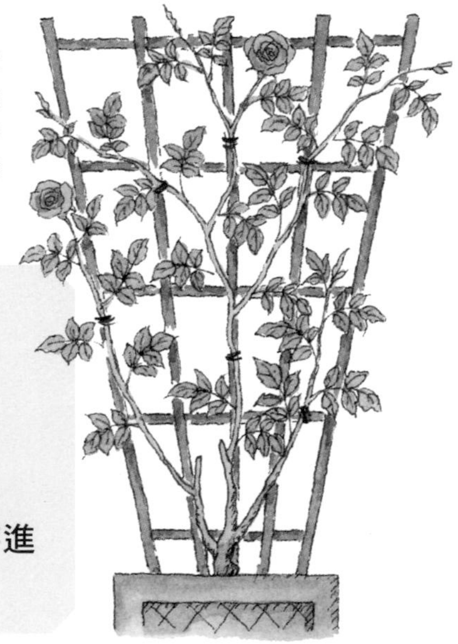

讓粗硬的枝條直立不彎曲，柔軟的枝條向左右兩側伸展，並以麻繩或塑膠束帶等固定。

Point

◎粗硬的枝條直立不刻意彎曲

◎讓柔軟的枝條向左右兩側伸展

◎新長出的筍芽、枝條，在冬季12月時進行整理和誘引（參照P.92至P.93）

拱門花架

【事前準備】

- 已經完成增換盆作業的長尺苗開花苗兩株
- 拱門花架（高度約2.0m）
- 塑膠束帶或麻繩
- 修剪用剪刀

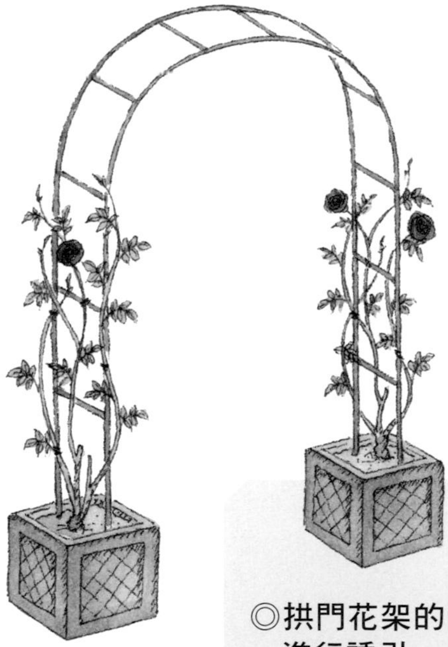

盆栽種植時，要讓一盆（一株）覆蓋整個拱門花架是不容易的，因此利用兩盆（兩株），兩側各一株進行誘引。誘引時注意枝條勿重疊，並以麻繩或塑膠束帶等固定。

Point

◎拱門花架的兩側各放置1盆（1株），從兩側向上方進行誘引

◎誘引時，讓枝條向斜面微微傾斜，並讓枝葉展開

◎因拱門花架的寬幅窄，勿過分彎曲枝條

◎延伸出的枝條，在冬季12月時進行整理和誘引（參照P.94）

蔓性樹形

↓

一部分的灌木樹形

蔓性樹形的筍芽是冬天誘引時最重要的枝條，因此不要進行修剪，讓它繼續生長延伸。但如果有明顯比其他筍芽粗大的極粗大筍芽，為了使養分不要集中在該筍芽，進行修剪使其分枝。分枝後的枝條也會較細，較容易進行誘引。

Point

◎蔓性樹形的筍芽不要修剪，使其在冬季前持續生長延伸

◎過長的枝條若造成不便，可以麻繩等將其輕微綑綁固定

◎過於粗大的筍芽，進行修剪促進其分枝

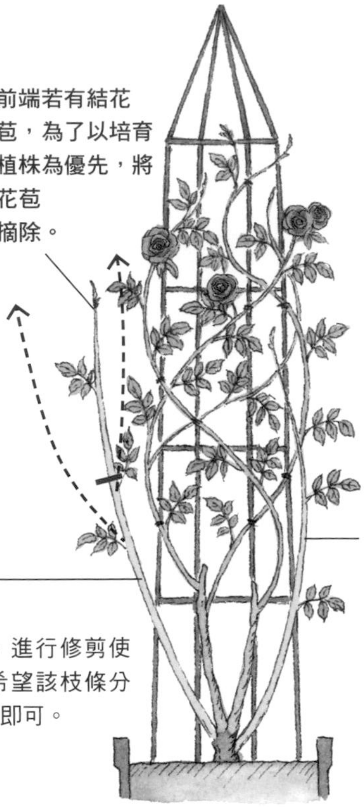
筍芽
前端若有結花苞，為了以培育植株為優先，將花苞摘除。
極粗大筍芽，進行修剪使其分枝。在希望該枝條分枝的地方下刀即可。
不要修剪筍芽，讓它延伸後並暫時固定在結構物上。在冬季12月時再進行誘引（參照P.90至P.91）。平面花架、圍籬或拱門花架等亦同。

如果不修剪放任不管……

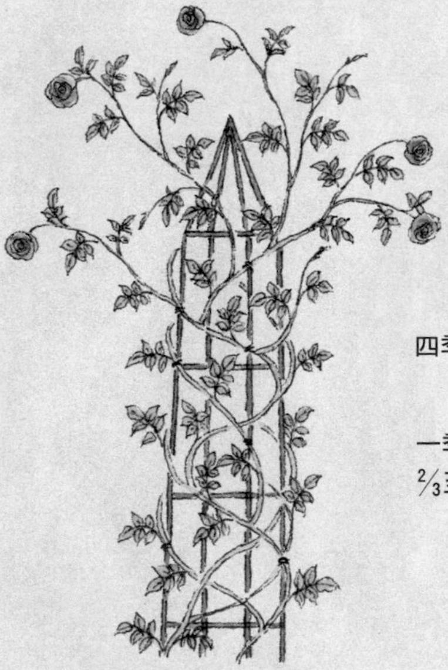

因頂芽優勢（參照P.72）的影響，新枝葉只會在上半部生長，花也只會在高的位置處開花。

如果枝條長滿了，怎麼辦呢？

如果枝條已經過多過長，超出結構物，或只在高處開花，可利用春季修剪（3月下旬至4月下旬）時，將枝條進行大修整，重新塑造樹形。若植株的長勢不佳，在修剪過後，將原有固定用的麻繩、塑膠束帶等拔除，減輕枝條負擔就會自行恢復樹勢。

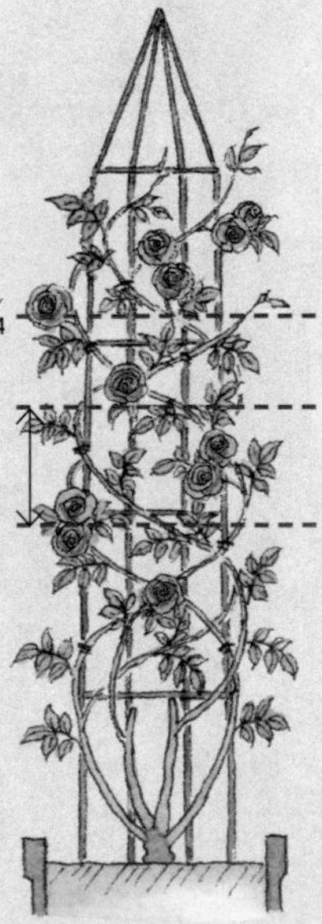
四季開花性$3/4$
一季開花性
$2/3$至$1/2$

延伸力較弱的四季開花性品種在全體$3/4$處，延伸力強的一季開花性品種則在全體$2/3$至$1/2$處，將原有的枝條和新生長的筍芽在大的葉片基部作修剪。之後所生長出的枝條在冬季進行誘引。平面花架、圍籬、拱門花架等作法相同。

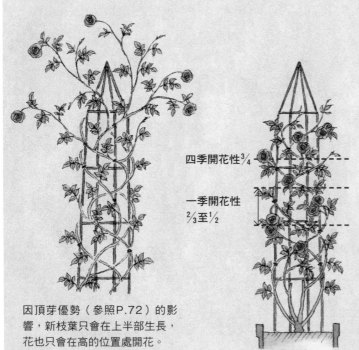

木村法則 經過冬季修剪的植株

在12月至1月經過冬季修剪的植株，進入春天後漂亮全新的枝葉將會陸續成長。在這時期只要花點心思，多些小步驟，接下來的玫瑰的成長和管理將會大不同。請務必來試試接下來介紹的三個小技巧，讓玫瑰的栽培技術更上一層樓。

新芽展開約2至3公分後，就可以開始追肥。建議挑選氮（N）、磷（P）、鉀（K）三要素盡可能等量的肥料。

新芽延伸展開後開始追肥

冬季修剪的當下勿馬上施給肥料，需等到當新芽展開約2至3公分後，才可以開始施肥。之後每個月一次，每當月初換一張新的月曆的同時就施給固體肥料（參照P.67），如此就不容易忘記。類型2和3，在出芽的時期若與有速效性的液體肥料併用，會增加效果。

在充實飽滿的新芽上端修剪

頂芽優勢（參照P.72）的性質，本應讓枝條最前端的芽（頂芽❷）優先生長，但如圖片的情況，下方的新芽❶比頂芽❷更充實飽滿時，則將頂芽❷剪除。讓充實飽滿的新芽❶處於植株的最前端，不僅可以促進枝葉的生長，和日後是否能開出好花也有相互關聯。

在充實飽滿的新芽❶基部的上端5mm至1cm處修剪。

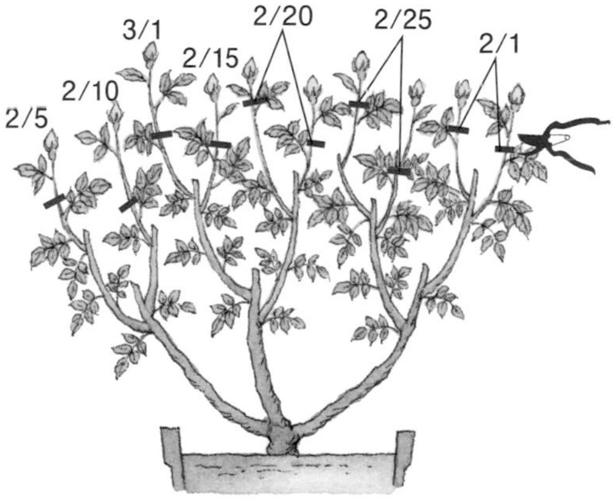

時間差摘蕾

如同上方的圖示，一株中的花蕾每間隔五天進行一次摘蕾，如此一來，花朵開花時間會相差五天，能長時間都有花朵可以欣賞，而且因為花朵不是一齊盛開，能減少植株的負擔。

基本的摘蕾

依照品種不同略有差異，在2月結出花蕾，變成紅豆大小時連同一至兩片的葉片一起摘除。

四季開花性品種以摘蕾讓植株更加充實

前年購買的新苗，或尚未結實茁壯的植株，進行摘蕾能讓能量養分集中在植株本身，並能帶來日後更穩定的成長。摘蕾後，下一個花芽很快就會生長出來，開花的時間也只會延後兩周，所以請別擔心。以長遠的眼光來看，尤其是當植株依然年輕尚未茁壯前，比起花朵，更應將植株的成長視為優先要項，這是讓玫瑰栽培能成功的重要祕訣。

已經培育數年的結實茁壯的植株，可以利用摘蕾的技巧，進行時間差摘蕾。將一株植株中的花蕾分不同日期摘蕾（各間隔5天），或庭院中的玫瑰，將每一盆的摘蕾時間作前後調整等。利用時間差讓開花期變長，讓庭院中長時間都有花朵可以欣賞。

冰山（Iceberg）

夏

Summer

7至8月

注意是否乾枯缺水&摘蕾

容易乾枯缺水的盆栽，在盛夏前進行增換盆

盆栽種植需要特別細心留意的就是，夏季時的乾枯缺水。玫瑰若發生新芽乾枯捲曲等輕度缺水狀況二至三次，會造成根部受損，甚至植株會突然枯萎。因此在炎夏時要細心觀察玫瑰的狀況，勤勞地幫玫瑰澆水。

特別是植株的大小與花盆不成比例，植株過大花盆卻過小時，尤其容易發生缺水現象。在梅雨季時未進行增換盆的植株，如果在梅雨季過後乾燥的情況過於頻繁，要盡速進行增換盆工作，盡可能小心將根團完整地移植到大一吋的花盆中，以預防夏天乾枯缺水的情況發生。

為了防止乾枯缺水，將根團完整地移植至大1吋的花盆中。注意要避免在超過35℃以上的高溫期時進行。

Point

◎確認水溫

在炎夏時，殘留在水管中的水的水溫偏高。在澆水前，先以手確認水溫後，再進行澆水。

高溫的水會使玫瑰的根部受傷，澆水時一定要確認水溫。

◎看新芽和花的狀況來判斷是否缺水

若植株缺水，會先從枝條的最前端出現症狀。新芽和花若彎曲下垂沒有元氣時，表示缺水了！請馬上施給大量的水。

新芽和花梗若垂頭喪氣時，正是缺水的症狀。

澆水 只能在上午澆嗎？

最適當的時間是在上午氣溫上昇前的早晨。但如果早晨忘記澆水，新芽和花已經出現垂頭喪氣等的缺水症狀時，儘管是在大白天也別猶豫，請趕快澆水。如果拘泥在早晨澆水的守則，而讓玫瑰因此枯死，就本末倒置了。在白天澆水時的訣竅是，施給大量且足夠的水分，讓新且乾淨的水，將花盆中的熱全部推出盆外。傍晚澆水易使枝條徒長，因此並不建議。盡可能在下午3至4點前完成澆水的工作。

擺放場所的小巧思
讓玫瑰遠離中暑

和地植的玫瑰相較，以盆栽種植的玫瑰的一大優點是可以移動。特別是耐暑性低的玫瑰，或類型4嬌弱的玫瑰等，如果能將盆栽移動到比較涼快的場所，或將擺放的場所加點巧思和下點功夫，就能防止玫瑰因炎熱的氣溫而中暑。

建議使用遮光率
50%的遮光網。

◎度夏的巧思 *1*

遮光

雖然玫瑰基本上是相當喜歡陽光的植物，但對炎夏的上午11點至下午4點的直射陽光是不太OK的。如果下午時段會有強光照射的場所，可搭設遮光網，幫玫瑰作出個有遮陽的避暑小天地吧！

◎度夏的巧思 *2*

鋪木棧板

放置在木棧板上，或以木板墊高，可以減少從地面傳來的熱氣和陽光的折射，且因通氣性佳，能讓花盆內保持涼爽，如此一來即使是嬌弱的玫瑰也不容易中暑。

◎度夏的巧思 *3*

遠離牆壁

夏天時牆壁也會變熱，因此盡可能讓植株遠離牆壁，讓風能流通。如果在冬天時讓植株靠近牆壁，就能有防寒效果。

木村法則

旅行時如何預防乾枯缺水

常常聽愛好家們和我說：「因為要幫玫瑰澆水，所以暑假時沒辦法去旅行。」「去旅行回來後玫瑰枯死了！」等。到底旅行時該怎麼辦呢？若是3天左右的旅行，可利用雙層花盆，或在庭院中的角落將盆栽埋至土中，皆能防止乾枯缺水的狀況。此外，最近在園藝店或居家用品店能購買到點滴式自動澆水器，若是長期的旅行，可以考慮使用看看。

雙層花盆

在比原花盆大2吋的大花盆中加入土壤，並將盆栽放置其中，此時為了保持通氣性，盆栽上半部⅓不要掩蓋。在旅行前將盆栽內的土壤和外盆的土壤施給大量的水，並放置在半日照處。但旅行回來後記得將盆栽拔出，若長時間放任不管，根部會從底部的排水孔生長出來。

將花盆埋進土中

和雙層花盆是相同的要領，將盆栽埋進庭院中半日照的場所。若是容易乾燥的場所，將花盆的周圍稍微挖出凹槽，並施給大量的水。

點滴式自動澆水器

可以設定時間，也能更改水量和間隔，只要將自動澆水器連接水龍頭，並將出水管拉至花盆就可設置完成。使用點滴式自動澆水器時，建議選擇泥炭土含量多的土壤，因為水分易滲透至整體，與顆粒粗的用土相較更為適合。

也相當推薦給盆栽數量多，澆水辛苦的人。以自動澆水器代替人工澆水，當水從盆底流出後，就可將裝置停止。注意夏季時不要讓水管和出水管曝曬在直射陽光下。

下方葉片變黃而且掉落時，怎麼辦呢？

下方葉片如果突然變黃且掉落時，正是植株缺水的症狀。因為根部已經受損，所以此時千萬不可以作的就是，慌慌張張地幫植株施肥、增換盆或移植等。

將盆栽移動到半日照處，之後就耐心等待植株自我復原和長出新芽。新的葉片展開後，就可將植株移回全日照處，追肥則從一般規定用量的½至⅔開始重新施給。

若發生缺水狀況時，下方葉片會突然變黃且掉落。將植株移動至半日照處，等待玫瑰自我復原。

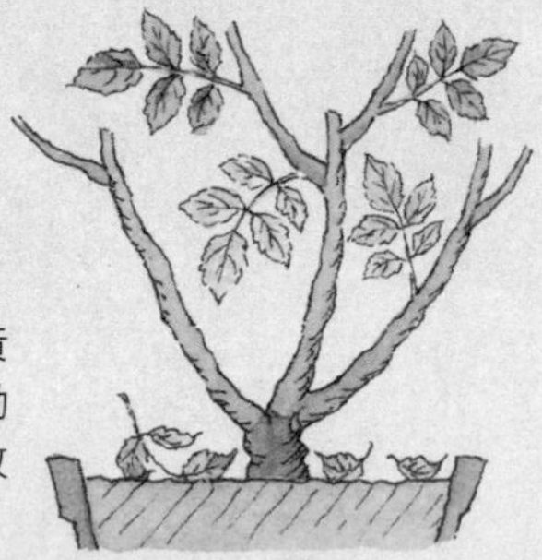

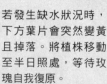

心上人
Mon Coeur

A

拉法蘭西（La France）為玫瑰揭開了新的頁章

B

波斯黃（Persian Yellow。Rosa foetida persiana）

C

黃金太陽（Soleil d'or）

第5章

玫瑰的雜學

玫瑰的歷史和未來

玫瑰的歷史可以說是人類欲望的歷史。「好想要這樣的玫瑰啊！那樣的玫瑰也很不錯耶！」為了要實現這樣的願望，玫瑰育種家們透過持續的交配育種，不停創造出香味更芳芬、花朵更美麗的玫瑰。如果能夠了解這一連串交錯複雜的玫瑰歷史和系譜，就更能夠理解各類型及各品種的特性，也能夠將此活用在栽培技術上。

因為香味&花型 而備受喜愛的古代玫瑰

玫瑰育種歷史的開端，來自於人們需要製作香料時用的香味。雖然說是育種，但其實最初的時候，是沒有經過交配，而只是單純地進行選拔。玫瑰的香味富含在花瓣中，如果瓣數多，就能提高香料的生產量，所以人們盡可能尋找瓣數多的玫瑰。玫瑰的花瓣原本是五片，而且雄蕊多，雄蕊容易變異成花瓣，花瓣數多的玫瑰因此出現。因為人們的需求和喜好，自然而然瓣數多的玫瑰就被進行繁殖。隨著被繁殖、被選拔，玫瑰漸漸演變成多瓣數，瓣數再加上形狀，玫瑰不僅香味，連花型也誘惑了人們的心。

追求四季開花性&木立性的古典玫瑰

玫瑰因為花香和花型被人們喜愛，大約是到18世紀後半為止。進入19世紀後，玫瑰的時代巨輪開始轉動。皇帝拿破崙一世的皇后約瑟芬，從世界上將原生種和交雜種收集到馬勒梅松城堡中（參照P.2），促成了華麗有著濃郁香氣和一季開花性的西洋古典玫瑰，以及有著沉靜雅緻氛圍和四季開花性的東洋古典玫瑰，兩者在此相遇。這樣的背景下，人們自然而然就會想將西洋玫瑰的香味與華麗，和東洋玫瑰的四季開花性互相結合。因此從這個時代開始，人們追求玫瑰的四季開花性，同時也追求木立性。但也因此，原本只需要在春天開花一次的玫瑰，不得不開始一整年持續不停開花，同時耐病性、樹勢、耐寒性等也開始漸漸減弱且喪失。

追求色彩&劍瓣高芯型 因而更加嬌弱的現代玫瑰

在前述這一連串發展下，於1867年，現代玫瑰（Modern Rose）的傑作誕生。大輪花、木立性、有香味且四季開花性的拉法蘭西（La France）A。

無農藥栽培也能開得很漂亮，分類接近類型0的獅子玫瑰（Lions Rose）

法國巴葛蒂爾公園（Prac de Bagatelle）裡，無農藥栽培的摩納哥王妃（Princesse de Monaco）。公園的管理人員對我說：「現在正處於過渡期。也許到了將來，只有強健的玫瑰才能被留下的時代會來臨吧。」

純銀（Sterling Silver）

　而人們的慾望並沒有因此得到滿足。當時雖然有淡黃色的玫瑰，但卻沒有鮮豔的黃色，因此法國里昂的育種家Joseph Pernet-Ducher以原生種芽變後的品種，名為波斯黃（Persian Yellow）B的黃色玫瑰，與古典玫瑰交配，作出了黃金太陽（Soleil d'or）C，此玫瑰是鮮黃色玫瑰的源頭。此後，因為這顏色，而衍生出了橘色、朱色、朱紅色、鮭魚粉紅色、絲綢紅色等古典玫瑰及初期的HT大輪玫瑰所沒有的顏色。1950年代，淡紫色的純銀（Sterling Silver）D誕生，茶色也跟著出現，除了水藍色、藍色和黑色以外，所有的顏色都具備，玫瑰成為了擁有豐富多彩顏色的植物。

　同時，人們也開始愛上了，有著如劍般的花瓣、高花芯，飄逸著高貴氣息的劍瓣高芯花型（參照P.121）。我開始育種後就了解，其實要作出劍瓣高芯型是件極為困難的事，因為要不停地進行近親交配，不停地追求著同一個花型。就這樣，對黑點病耐病性弱且枝條柔軟的波斯黃（Persian Yellow）的基因被帶進了玫瑰，再加上不停追求著同一個花型的結果，玫瑰喪失了遺傳的多樣性，而且變得越來越嬌弱。這就是20世紀玫瑰的歷史。

追求葉片強韌度的新時代 目標是「類型0」

　玫瑰漸趨嬌弱的同時，下一個新時代開始起步。約從20世紀中開始，以德國為主，為追求耐寒性，將原生種或其交雜種用於交配，此外，英國的育種家大衛奧斯汀（David Austin），將古典玫瑰的花型、花香和樹形，與現代玫瑰的豐富花色、四季開花性，相互融合作出了新一類的族群：英國玫瑰（English Roses）。喪失了遺傳多樣性的HT大輪玫瑰，因為加入了血統遙遠的基因，重新找回了耐病性和樹勢的強健度。

　如同在本書中所一直傳達的，我依照容易栽種與否，將玫瑰分成四種類型。而最強健且容易栽培的玫瑰是具有野性的類型1。現今世界上的育種家們改變船舵的方向，正朝著追求更強的玫瑰，奮力地航行前進中。擁有類型1的栽培容易度，儘管無農藥也不生病，具有完美無缺的葉片耐病性的玫瑰，我稱這樣的玫瑰為「類型0」。當然，四季開花性、木立性、各式各樣的花型、花色、花香等，人們從過去到現在所一直追求的所有要素也都包含在其中。接近前述般，具有魅力且又容易栽培的類型0的玫瑰，在2000年以後已漸漸被育種出來。能孕育出兼具強與美的玫瑰的土壤已經漸漸成形。

　而人們的想法和意識也相同。上方的圖片是在位於法國巴黎的巴葛蒂爾公園（Prac de Bagatelle）所拍攝。這是世界上第一次舉辦玫瑰大賽的地點，是個相當具有歷史性的公園，但近年來，完全不噴灑藥劑。沒有耐病性的玫瑰，葉片幾乎殘破不堪，連獻給已故的葛麗絲王妃的玫瑰摩納哥王妃（Princesse de Monaco）也同樣面臨悽慘的結果E。轉頭看另一面時，我嚇了一跳，因為映入我眼簾的是，在同一個環境下，卻沒有感染疾病而健康成長的最新的玫瑰們！F

　繞了好大一圈，我想傳達的就是，強健且充滿魅力的玫瑰可以很簡單就栽種的時代已即將來臨。很快的，完全不須費心照顧的類型0的玫瑰，就將帶著各式各樣的表演曲目登場了吧！我敬佩世界的育種家們的努力、和它們的明確方向性，並鞭策自已不能落後在這時代大主流中，並且朝著同樣的方向在育種上日日精益求精。

玫瑰系譜&品種改良過程

在本章節中，我將主要的玫瑰的系譜整理成圖示1，品種改良的過程整理成圖示2。本書所介紹過的玫瑰以外，也只要參考圖示1和圖示2，就能大致推測出該玫瑰是屬於何種類型。

圖示1

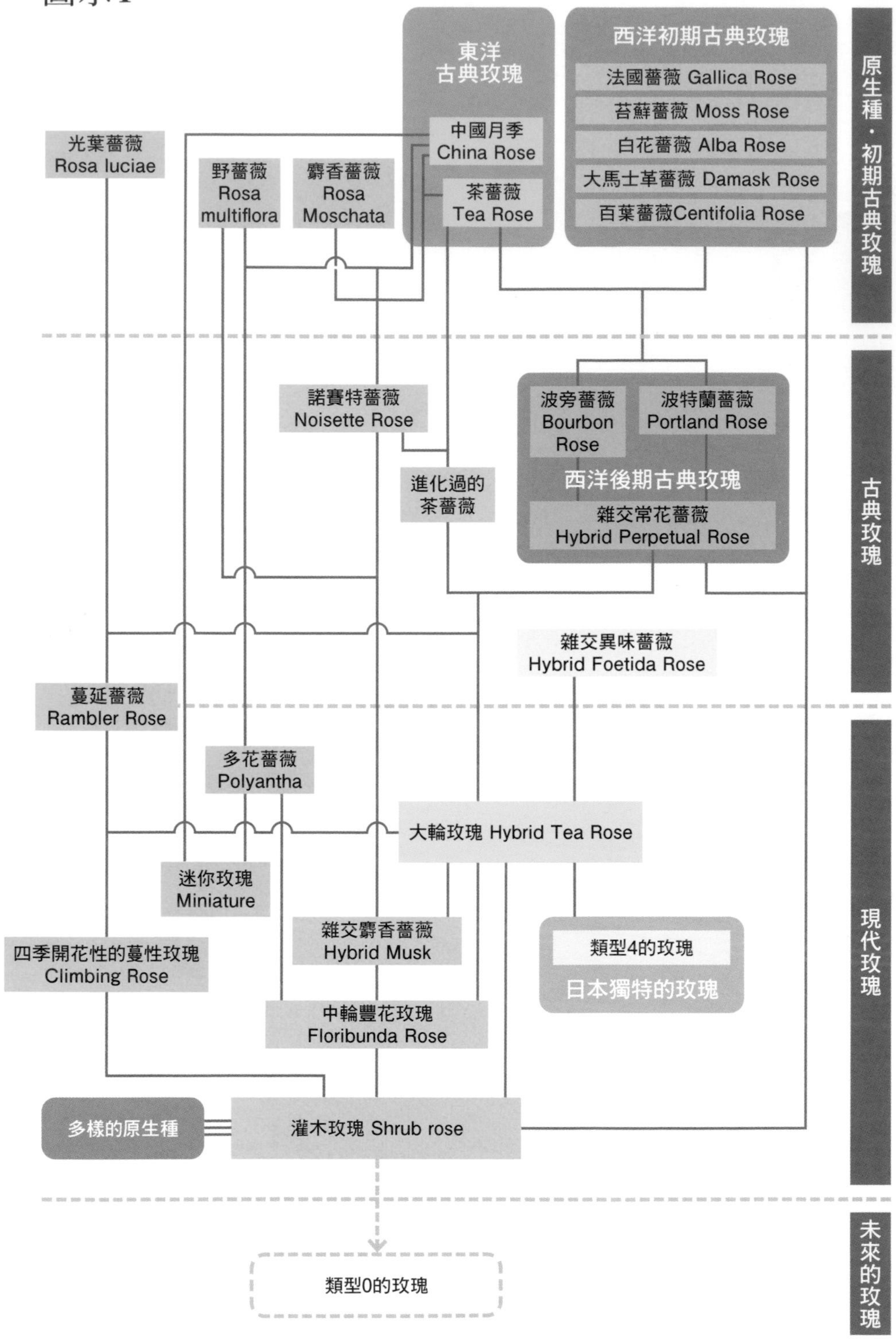

玫瑰的系譜相當複雜，而且未被查明的詳細部分尚有很多。在此，為了使本書中所介紹的品種和四個類型，能更簡單明瞭地傳達給各位，有部分加以簡略。此外，即使是1867年以後誕生的品種，若是以古典玫瑰為親本所被育出的交雜種，在本書中依然將其歸類在古典玫瑰的系統內。

圖示2

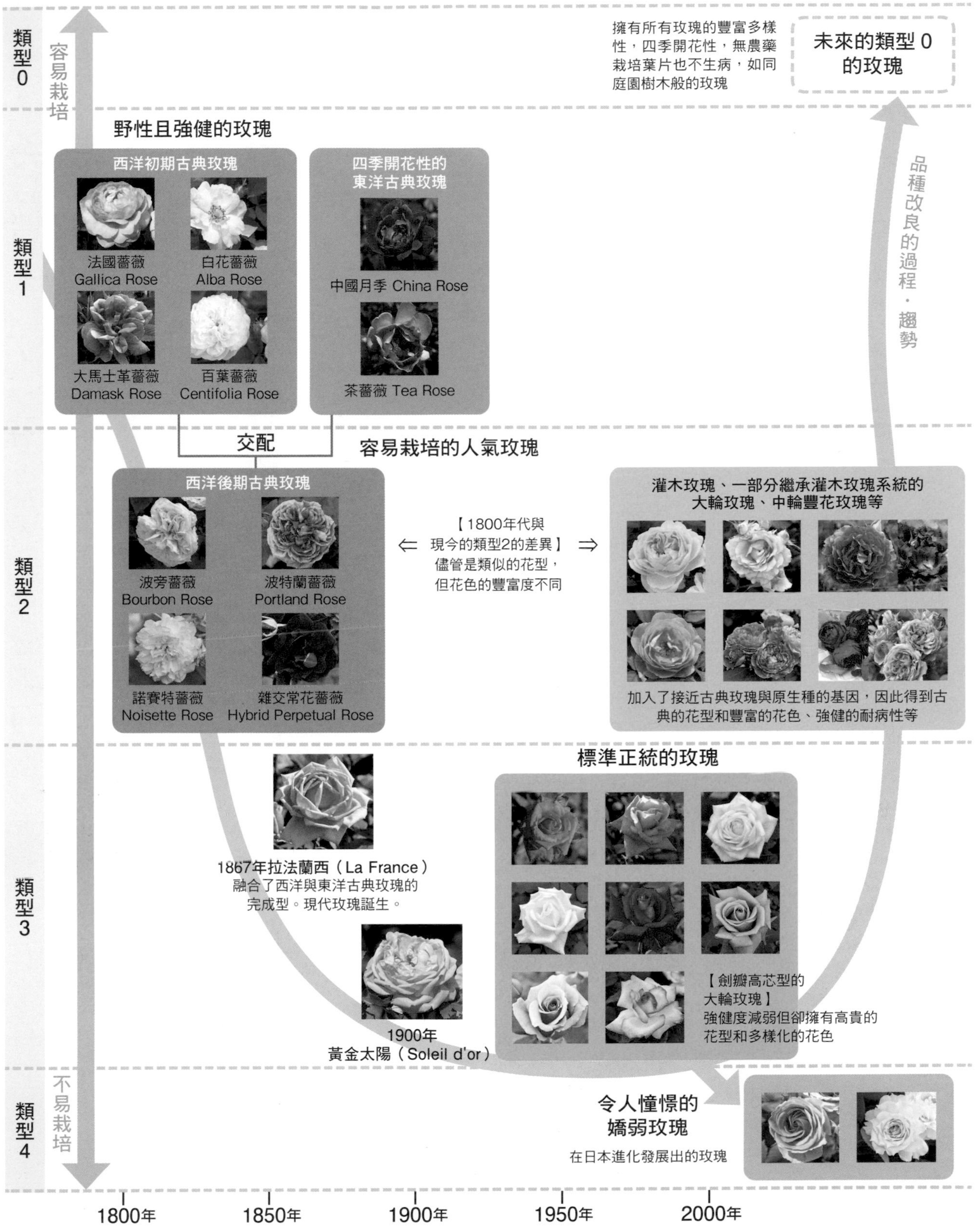

類型0
類型1
類型2
類型3
類型4
容易栽培
不易栽培
擁有所有玫瑰的豐富多樣性，四季開花性，無農藥栽培葉片也不生病，如同庭園樹木般的玫瑰
未來的類型0的玫瑰
品種改良的過程・趨勢
野性且強健的玫瑰
西洋初期古典玫瑰
法國薔薇 Gallica Rose
白花薔薇 Alba Rose
大馬士革薔薇 Damask Rose
百葉薔薇 Centifolia Rose
四季開花性的東洋古典玫瑰
中國月季 China Rose
茶薔薇 Tea Rose
交配
容易栽培的人氣玫瑰
西洋後期古典玫瑰
波旁薔薇 Bourbon Rose
波特蘭薔薇 Portland Rose
諾賽特薔薇 Noisette Rose
雜交常花薔薇 Hybrid Perpetual Rose
【1800年代與現今的類型2的差異】
儘管是類似的花型，但花色的豐富度不同
灌木玫瑰、一部分繼承灌木玫瑰系統的大輪玫瑰、中輪豐花玫瑰等
加入了接近古典玫瑰與原生種的基因，因此得到古典的花型和豐富的花色、強健的耐病性等
標準正統的玫瑰
1867年拉法蘭西（La France）
融合了西洋與東洋古典玫瑰的完成型。現代玫瑰誕生。
1900年
黃金太陽（Soleil d'or）
【劍瓣高芯型的大輪玫瑰】
強健度減弱但卻擁有高貴的花型和多樣化的花色
令人憧憬的嬌弱玫瑰
在日本進化發展出的玫瑰
1800年
1850年
1900年
1950年
2000年

玫瑰的香味

玫瑰的芬芳香氣，魅惑了埃及豔后，也擄獲了古代王公貴族們的心。我將我在育種的過程中，所發現到的玫瑰香味的法則，在此向各位介紹。

比起姿態 玫瑰的香味更受重視

從紀元前開始，玫瑰能坐擁特殊的地位，原因就在於玫瑰的香味。那是能誘惑人心、使人為之癡迷的大馬士革系的香味。

玫瑰的芬芳香氣，深深抓住了羅馬帝國和埃及的王公貴族們的心，玫瑰的香油和玫瑰水等大量且奢華地被使用。在法國，波旁王朝時代的肖像畫中，玫瑰頻繁地被描繪，這也代表著玫瑰已融入了貴族們的生活中吧！

當時的玫瑰為一季開花性，儘管因為疾病而掉葉片，但只要植株本身能維持，其他都只是次要，因為香味才是最重要的要素。當時對黑點病的耐病性並沒有特別的發展，我想就是因為此緣故吧！如果玫瑰只是被發展用來作圍籬等用途的植物，我想玫瑰不會演變成今天大家所知道的玫瑰，香味也許也不會變成如此濃郁吧！

玫瑰香味是結合複雜要素 所造就出的藝術

在我的玫瑰育種中，香味是我重視的要項之一，但並非最首要條件。這是因為，若想讓玫瑰具備強香，相對地就會降低耐病性。香味與耐病性呈反比例的關係，在我和海外的育種家討論時，關於這個看法，多數都有相同的見解。雖然如此，我們依然是朝著兼具著濃郁香味和高耐病性，兩者並立的目標在努力。

接著，就以我的經驗介紹花的香味。除了辛香料香（Spicy）之外，香味是蘊含在花瓣中。要育種出香味好的玫瑰，首先要找出適合的玫瑰，而該玫瑰的花瓣必須要能蘊含大量香味。如果舉例來形容，

典型的玫瑰花香，大馬士革系的米蘭爸爸（Papa Meilland）。

最近相當具有人氣的波麗露（Bolero），水果系的香甜香味。

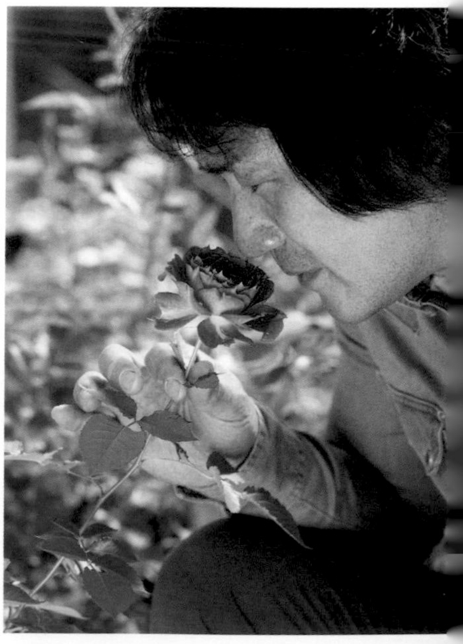

這花瓣就像是日式清湯中吸滿了湯的美味的麵麩般。儘管擁有香氣的基因，但若花瓣無法蘊含香味，就無法產生出香氣，變成沒有香味的玫瑰。玫瑰花瓣的瓣質容易繼承於母親，因此交配時，如何挑選出適當的母本就是決定成敗的關鍵。

花瓣的瓣質和花香的種類也有相互合適或不合適之分，有容易聞到的花香種類，和不容易聞到的種類。例如，受到光葉薔薇（Rosa luciae）基因所影響的花瓣，要讓它具有大馬士革系的香味，就是件極為困難的事情。再則，受父本或隔代遺傳的影響，香味的質與量也會因此改變。

玫瑰的香味可說是「香味的基因」、「蘊含花香的花瓣」、「香味的種類」等三種要素複雜地交錯融合後，所表現出來的藝術。

香味和單花花期的法則與人們所感受到的花香

另有一個法則，能大量富含香味的花瓣，其花期相對較短，玫瑰的香味和單花的花期，是呈反比例的。

以玫瑰為例，整個自然界是以單純直率的法則在生生不息地運轉著，並無法扭轉它。但人們的感覺與印象卻可因為錯覺而改變。

為何這麼說呢？例如，我所育出的雪拉莎德（Sheherazad）是香味和單花花期同時兼備的玫瑰。雖然花瓣沒有富含相當多的香味，但依然是屬於強香，這是因為雪拉莎德的香味儘管少量，卻能停留在人們的印象裡。人們會感覺到強香，有時並非只單純因為香味的量，而是因為香味的質。

最後，讓我來介紹如何品聞玫瑰香味的方式。香味最強的時候是晴朗的白天，太陽升起時充滿著活力的早晨。依照品種不同略有不同，但一般而言，花朵打開七至八分的程度時是香味最芬芳濃郁的時候。

當我聞花香時，我個人喜歡閉上眼睛。忘卻身旁的所有一切，關閉視覺，只靜靜去感受手上的這朵玫瑰所醞釀出的誘人花香。沉重壓力因而消失了，陰暗心情也晴朗了，這短暫的時間對我來說就是幸福的時間。

玫瑰主要的香味種類

大馬士革系（Damask）
可作為香料的原料，玫瑰代表性的香味。

茶系（Tea）
像是打開紅茶罐時飄散的淡雅清香。

水果系（Fruits）
熟成的水果般濃厚香甜的香味。

藍色系（Blue）
淡紫色系玫瑰多此香氣，清爽香甜。

辛香料系（Spicy）
從花蕊飄散的帶有刺鼻感的香味。

沒藥系（Myrrha）
個性化的香味，個人的好惡分明。

雪拉莎德（Sheherazad）。大馬士革系的奢華，茶系的沉靜，水果香的香甜，辛香料系的辛香，融合出了令人印象深刻的美好花香。

參考：蓬田勝之《薔薇の香り バラの魅力は香りの魅力》（NHK出版）

玫瑰用語辭典

半日照
陽光被過濾，或遮掉一半亮度，光線的強度較微弱，如樹蔭下或建築物的反射光程度的光線。

盆底石
為了增加排水性，鋪放於盆底的資材。輕石之外也可使用炭或大粒的赤玉土。

蔓性玫瑰
枝條會延展伸長的玫瑰。有從日本的野薔薇（Rosa multiflora）、光葉薔薇（Rosa luciae）衍伸而來的品種，也有從木立性玫瑰突變的品種。

蔓延薔薇（Rambler Rose）
具有原生種基因的蔓性玫瑰類群。樹勢強，枝條延長性強。多一季開花性的品種。

迷你玫瑰（Miniature）
加入了東洋古典玫瑰血統的矮性玫瑰。

腐植質
土壤中的有機物質腐敗分解後，所得到的物質。

大苗
生產者將農地所挖起的苗移植至6吋左右的花盆中，待根部適應土壤後才開始販賣的苗。

HT大輪玫瑰（Hybrid Tea Rose）
完全四季開花性，大輪且一莖一花。現代玫瑰的代表玫瑰。

多花薔薇（Polyantha）
日本的野薔薇為親本所育出，四季開花性，花量多且植株小型低矮的系統。

東洋古典玫瑰
有著沉靜氛圍的四季開花性，木立樹形，從東洋而來的古典玫瑰。中國月季（China Rose）、茶薔薇（Tea Rose）等。

徒長
因日照不足、肥料和水施給過多等因素，造成節與節之間的間距變長，或枝葉柔弱。

內芽
朝植株內側生長的芽。

泥炭土（peat moss）
將濕地的水苔堆積並且腐熟後的資材。

蓮蓬頭狀噴嘴
裝於澆水壺的前端，像蓮蓬頭般有小孔洞的出水口。

根部腐爛
土壤中滯留過多的水分，空氣不流通，導致根部損傷。

根團
根部和土壤固結的狀態。

古典玫瑰（Old Roses）
1867年第一株HT大輪玫瑰的拉法蘭西（La France）誕生，在這之前所育成的玫瑰稱為古典玫瑰。本書中，若以拉法蘭西誕生之前的品種為親本所育出的交雜種，皆歸類在古典玫瑰的系統內。

固體肥料
放置在用土上的固體狀肥料。

S灌木玫瑰（Shrub Rose）
在HT大輪玫瑰和FL中輪豐花玫瑰裡加入了古典玫瑰和原生種或接近原生種的基因後，找回了玫瑰原有的強健樹勢的族群。多為枝條前端外擴的灌木樹形。

開花後修剪
剪除開花結束後的殘花。

花莖
在前端會結花的枝條。

化學肥料
肥料的三要素：氮（N）、磷（P）、鉀（K），將其中兩要素以上經過化學合成所製造出的肥料。

緩效性肥料
效果並非馬上見效，但長時間有效的肥料。

換土
在冬季時更換新的用土。

基本用土
赤玉土和鹿沼土等，作為培養土的基礎的土壤。

基肥
移植時加入在土壤中的肥料。

交雜種
透過昆蟲等自然交雜而成的雜種。

劍瓣高芯型
花瓣的前端向外側捲曲像劍般有尖角，花芯高。

西洋後期古典玫瑰
西洋初期古典玫瑰和東洋古典玫瑰交配後，所育出的古典玫瑰。波旁薔薇（Bourbon Rose）、波特蘭薔薇（Portland Rose）、諾賽特薔薇（Noisette Rose）、雜交常花薔薇（Hybrid Perpetual Rose）等。

西洋初期古典玫瑰
從中近東進入到歐洲，香氣強且華麗的一季開花性的古典玫瑰。法國薔薇（Gallica Rose）、苔蘚薔薇（Moss Rose）、白花薔薇（Alba Rose）、大馬士革薔薇（Damask Rose）、百葉薔薇（Centifolia Rose）等。

現代玫瑰（Modern Rose）
1867年第一株HT大輪玫瑰的拉法蘭西（La France）誕生，在這之後所育成的玫瑰稱為現代玫瑰。包含HT大輪玫瑰、FL豐花玫瑰、S灌木玫瑰等。

追肥
定植之後施加的肥料。

FL中輪豐花玫瑰（Floribunda Rose）
中輪，一莖多花且四季開花性的現代玫瑰。

赤玉土
將赤玉（火山灰土）依照顆粒大小篩選出的土壤。具有優良的通氣性、排水性、保水性、保肥性。

盛水空間（water space）
澆水時讓水暫時存積的空間。可防止水和用土在澆水的同時流出，存積的水能平均且緩速地滲透到土壤整體。

重複開花性
基本上是四季開花性，儘管有達到四季開花性玫瑰開花時所需要的溫度，但可能會受日照時間、高溫、多濕等的影響而不開花。

殺菌劑
將植物的病原菌去除的藥劑。

殺蟲劑
驅除植物害蟲的藥劑。另外也有混合殺菌劑和殺蟲劑的殺蟲殺菌劑。

樹形
植株整體的形狀。輪廓。

樹勢
植株生長的狀況、長勢。體力。

雜交麝香薔薇（Hybrid Musk）
多數品種屬於四季開花性，半日照處也能健全生長，花量多的蔓性品種。

增換盆
移植至比原花盆尺寸大一至兩吋的花盆。

四季開花性
最低氣溫15度以上就會持續不停開花的性質。日本的戶外冬天不會開花，但在加溫的溫室或台灣、沖繩等，冬天氣溫不會過低的場所，玫瑰一整年都會結花。

速效性肥料
施給後馬上就能見到效果的肥料。

筍芽（Shoot）
新生長出來長勢旺盛的枝條。從植株基部生長出來的筍芽，稱基部筍芽（Basal shoot），從植株基部到基部以上30公分，這段距離中間所生長出的筍芽，稱側部筍芽（Side shoot）。

一季開花性
冬天休眠期時進行開花的準備，春天到初夏時開花。一整年僅盛開一次，但因一年只有一次的關係，花數多且豪華。

一號花
秋天的開花期時最先綻放的花。之後稱二號花、三號花等。

有機肥料
從動植物而來的肥料。

有機栽培
在本書中所指的是，不使用農藥，使用有機肥料的栽培法。

英國玫瑰（English Roses）
英國的玫瑰育種家・栽培家大衛奧斯汀（David Austin）所育成的新一類玫瑰族群。具有古典玫瑰的花型、花香和樹形，現代玫瑰的豐富花色，多數為四季開花性，強健容易栽培。

外芽
朝植株外側生長的芽。

微量要素
植物的生長過程所必須的要素，其中吸收量少的稱微量要素。如氯、鐵、錳、硼、鋅、銅、鉬、鎳等。

適合以盆栽種植的藥劑

◎手動噴霧型藥劑

可尼丁・芬普寧・滅派林
對玫瑰的黑點病、白粉病、蚜蟲類、玫瑰三節葉蜂、葉蟎等皆有效的殺蟲殺菌劑。對疾病有預防效果，對害蟲具有速效性和持續性。

四克利
對玫瑰的黑點病、白粉病等有效的殺菌劑。藥效會從葉片滲透，屬滲透移行性。同時具有預防和治療的效果。

畢芬寧・邁克尼
對玫瑰的黑點病、白粉病、蚜蟲類、玫瑰三節葉蜂、葉蟎等皆有效的殺蟲殺菌劑。

亞滅培・吡胺
對玫瑰的白粉病、蚜蟲類有效的殺蟲殺菌劑。新殺菌成分，因此對已具有抗藥性的菌也有藥效。

◎稀釋型藥劑

四克利
對玫瑰的黑點病、白粉病等有效的殺菌劑。成分會滲透進葉片，具滲透移行性。不需稀釋就可使用的手動噴霧型藥劑也有。

賽福寧乳劑
對玫瑰的黑點病、白粉病等有效的殺菌劑。調配時容易計算用量的乳劑型。成分會滲透進葉片，同時具有預防和治療的效果。

免賴得
對玫瑰的黑點病、白粉病等有效的殺菌劑。以水溶化後噴灑的粉末型藥劑。具滲透移行性，有預防和治療的效果。

※以上藥劑皆為日本國內販售產品。可參考藥品上方標示的有效成分中文名稱，向合法農藥販賣業者洽詢。

索引

玫瑰的花名

用語

冒險家
Odysseia

作者介紹

木村卓功 Takunori Kimura

玫瑰育種家，同時也是位於日本埼玉縣玫瑰花苗專門店「バラの家（玫瑰之家）」的經營者。致力於獨創玫瑰品牌「Rosa Orientis」的育種，目標是培育出在高溫多濕的亞洲氣候環境中能強健生長，在夏季也能美麗盛開的玫瑰。每年在日本定期發表的品種，不僅受到玫瑰愛好家的廣大支持，更受到各界及國內外的注目與好評。2014年以中文名「羅莎歐麗」正式在日本以外的亞洲地區進行推廣。2016年在玫瑰的故鄉法國也正式發表上市。著書有《大成功のバラ栽培》（主婦の友インフォス情報社）、《極上のバラづくり》（家の光協会）等。中文版著書有《世界級玫瑰育種家栽培書》（噴泉文化館）等。

羅莎歐麗中文官方Facebook
https://www.facebook.com/rosa.orientis

玫瑰之家 店鋪
日本埼玉縣北葛飾郡杉戶町堤根4425-1

玫瑰之家 網路店鋪（日本國內）
樂天市場店 http://www.rakuten.co.jp/baranoie/

台灣總代理 芳香玫瑰園
彰化縣田尾鄉打簾村民生路一段355號
TEL ＋886-48-220707

STAFF

撮影 ……… 上林徳寛
伊藤善規・今井秀治・福田 稔

取材・撮影協助 …… バラの家
越後丘陵公園・京阪園芸・柳楽桜子

照片提供 ……… バラの家
入谷伸一郎・上住 泰・鵜飼寿子
京ばし園芸資材・草間祐輔・玉置一裕

插 圖 ……… 川副美紀

圖書提供 ……… 山內浩史設計室

設 計 ……… 種岡 愛（OOK:）・鈴木佳代子

校 正 ……… 安藤幹江・加藤淳子

編輯協助 ……… 矢嶋恵理

企劃・編輯 ……… 板垣 崇（NHK出版）

國家圖書館出版品預行編目資料

最適合小空間的盆植玫瑰栽培書 / 木村卓功著；楊妮蓉譯 .
-- 初版 . – 新北市：噴泉文化館出版，2017.3
面； 公分 . -- (花之道；35)
ISBN 978-986-93840-8-7 (平裝)

1. 玫瑰花 2. 栽培

435.415 106001313

花の道 35

最適合小空間的盆植玫瑰栽培書

作　　者／木村卓功 Takunori Kimura
譯　　者／楊妮蓉
發 行 人／詹慶和
總 編 輯／蔡麗玲
執行編輯／劉蕙寧
編　　輯／蔡毓玲・黃璟安・陳姿伶・李佳穎・李宛真
執行美編／周盈汝
美術編輯／陳麗娜・韓欣恬
內頁排版／造極
出 版 者／噴泉文化館
發 行 者／悅智文化事業有限公司
郵政劃撥帳號／19452608
戶　　名／悅智文化事業有限公司
地　　址／新北市板橋區板新路 206 號 3 樓
電　　話／(02)8952-4078
傳　　真／(02)8952-4084
網　　址／www.elegantbooks.com.tw
電子信箱／elegant.books@msa.hinet.net

2017 年 3 月初版一刷　定價 480 元

經銷／高見文化行銷股份有限公司
地址／新北市樹林區佳園路二段 70-1 號
電話／0800-055-365 傳真／（02）2668-6220

How to Grow and Care for Potted Roses.

花時間

享受最美麗的花風景

定價：450 元

定價：480 元

定價：480 元

定價：480 元

定價：480 元

定價：480 元

定價：480 元

定價：480 元

定價：480 元

定價：480 元

定價：480 元

定價：480 元

Love is meant to be
a test for the both
of you, not a test
on each other.

How to Grow and Care for
Potted Roses.